NOUVEAU SPECTACLE

DE LA NATURE

OU

DIEU ET SES OEUVRES

IMPRIMÉ CHEZ PAUL RENOUARD, RUE GARANCIÈRE, N° 5.

Nouveau Spectacle

DE LA NATURE

OU

DIEU ET SES OEUVRES

PAR MM.

VICTOR RENDU ET AMBROISE RENDU (FILS)

PHYSIQUE.

PARIS

PITOIS-LEVRAULT ET Cie, LIBRAIRES,

RUE LE LA HARPE, 81.

1840

PHYSIQUE GÉNÉRALE.

AVANT-PROPOS.

La physique est l'étude des corps qui composent la nature inanimée, et des lois auxquelles ils obéissent. Peut-être la partie de l'histoire naturelle qui nous développe les phénomènes de la vie, parait-elle au premier coup-d'œil avoir plus d'attraits; il semble qu'on aime mieux arrêter ses regards sur les prodiges que dévoilent sans cesse l'organisation et les mœurs de ces êtres qui, s'ils ne raisonnent pas comme nous, vivent du moins et sentent comme nous. Et cependant l'étude de ces grands phénomènes qui constituent et le mouvement et les modifications de la matière en général, a bien aussi son intérêt, est bien digne d'exciter notre admiration, bien capable d'élever notre âme vers le Tout-Puissant. Si nous nous étonnons de voir des êtres capables d'agir eux-mêmes, suivre cependant avec une invariable docilité, les règles que la Providence leur a prescrites, n'est-il pas beau aussi de

I.

voir la nature morte s'animer, pour ainsi dire, revêtir les apparences du mouvement libre et spontané pour suivre elle-même la marche qui lui est tracée, pour céder à une si noble influence. Combien d'ailleurs les observations sont belles et utiles pour nous, que Dieu a bien voulu douer du don de l'intelligence, pour nous qui en remarquons les causes secondes dont le créateur a voulu se servir, afin de nous en rendre maîtres et de reproduire à notre gré dans les limites de nos forces, les plus prodigieux des phénomènes physiques.

Nous ne prétendons pas que ce petit traité donne les démonstrations des lois de la nature, nous voulons seulement exposer les faits assez curieux par eux-mêmes et donner la plus facile explication ; inspirer le goût de les observer davantage, et surtout montrer l'influence divine où l'on a souvent voulu mettre l'aveugle influence du hasard ; révéler l'existence d'un plan, d'un dessein plein de sagesse et de grandeur dans une foule de phénomènes que des hommes présomptueux n'ont considéré que comme des perturbations de la nature, que comme les secousses d'une machine incomplète qui cherche à se perfectionner.

LIVRE I.

Notions générales. De la pesanteur. Du calorique.

CHAPITRE I.

NOTIONS PRÉLIMINAIRES.

Les corps sont des parties déterminées de la matière. Tout corps a un certain nombre de propriétés
qui sont dites propriétés générales des corps ; ce
sont : l'étendue, l'impénétrabilité, la divisibilité, la
compressibilité, la porosité, la mobilité, la pesanteur. Un corps quelque petit qu'on le suppose a une
étendue, puisqu'il occupe une partie de l'espace.

L'impénétrabilité fait que deux corps ne peuvent
occuper en même temps le même espace.

Les corps sont divisibles, et quelque petits que

nous les supposions, la pensée peut encore les diviser. Les dernières parties des corps sont appelées molécules ou atomes.

La compressibilité permet au volume du corps de changer sous certaines influences. Les corps qui, après avoir été soumis à une pression plus ou moins forte, tendent à reprendre leur volume primitif, sont dits élastiques; ceux au contraire qui conservent la forme que la compression leur a donnée sont nommés corps mous. Cette propriété qu'ont les corps de pouvoir être comprimés nous obligent nécessairement à admettre l'existence d'espaces vides entre les molécules de matière, ces espaces ont reçu le nom de pores; et selon qu'ils sont plus ou moins larges, les corps sont plus ou moins poreux, plus ou moins compressibles.

La masse d'un corps est représentée par la quantité de molécules qu'il renferme, son volume est l'espace occupé tant par les pores que par les molécules.

La quantité de molécules qu'un corps renferme, sous un certain volume, constitue sa densité. Les densités de plusieurs corps, sous un même volume, sont proportionnelles à leurs masses. C'est-à-dire, que la densité est d'autant plus grande que la masse est plus considérable.

La propriété dont jouissent les corps de pouvoir successivement occuper plusieurs points de l'espace, ou de se mouvoir, est ce qu'on appelle la mobilité. Les corps sont en repos quand ils répondent invariablement à trois points fixes non en ligne droite.

Ainsi une porte ouverte quoique attachée en deux endroits à des points fixes, par ses gonds, peut cependant tourner et se mouvoir ; si on ferme la porte, elle sera fixée par la serrure à un troisième point immobile, et deviendra immobile elle-même. Il y a deux sortes de repos, le repos absolu, le repos relatif. Une personne assise dans un bateau abandonné au cours d'un fleuve, donne une idée du repos relatif. Une personne assise dans une chambre est dans un repos absolu.

La matière ne peut changer par elle-même son état, et cette impuissance absolue de la matière, de modifier sa manière d'être, est ce que l'on nomme l'inertie.

Toute cause qui agit pour produire le mouvement a reçu le nom de force

Le mouvement est de plusieurs sortes.

Le mouvement est uniforme quand le mobile ou le corps en mouvement parcourt des espaces égaux en temps égaux ; dans ce cas les espaces parcourus sont proportionnels aux temps employés à les parcourir.

Le mouvement uniformément accéléré est celui dans lequel l'espace parcouru croît comme le carré des temps employés à le parcourir. Alors la vitesse s'accroît, à chaque instant, d'une quantité égale ; comme si, par exemple, une boule lancée sur un terrain uni recevait à chaque seconde une impulsion égale, qui jointe à la vitesse déjà acquise l'augmenterait constamment. Le mouvement uniformément retardé est celui dans lequel la vitesse d'un mobile décroît proportionnellement au temps écoulé depuis le départ. La pesanteur, dernière propriété générale des corps, fait qu'un corps abandonné à lui-même tombe à la surface du sol.

Suivant la disposition des molécules, les corps ont été divisés en solides, liquides et gazeux.

CHAPITRE II.

DE LA PESANTEUR.

Ou attraction des corps vers le centre de la terre — Du pendule. — De la balance. — Des poids spécifiques.

Tous les corps ont la propriété de s'attirer entre eux; l'attraction qui n'agit qu'à une distance insensible se nomme attraction moléculaire.

L'attraction à une distance sensible se nomme gravitation.

La pesanteur est la force qui fait tomber les corps lorsqu'on les abandonne à eux-mêmes. La direction de la pesanteur étant perpendiculaire à la surface des eaux tranquilles, on peut regarder la pesanteur comme une force qui attire les corps vers le centre de la terre.

Quelles que soient la masse et la densité des corps,

ils tombent tous de la même manière et suivant les mêmes lois.

La pesanteur agit différemment selon les lieux. C'est ainsi qu'elle diminue depuis les pôles où elle est la plus grande, jusqu'à l'équateur où elle est la plus petite. (1)

Un corps qui tombe librement dans le vide parcourt des espaces proportionnels aux carrés des temps écoulés

Un corps lancé de bas en haut suivant une verticale, ayant, lorsqu'il monte, une certaine vitesse en un point déterminé, aura en redescendant la même vitesse en ce point, d'où l'on peut conclure que le corps emploiera à descendre le même temps qu'il avait mis à monter, et qu'il reviendra au point de départ avec la vitesse qu'il avait en partant de ce point. On nomme centre de gravité un certain point qui existe dans tous les corps et qui est remarquable entre tous les autres en ce que du moment où il est fixé, le corps entier est lui-même en équilibre quelle que soit du reste sa position par rapport à ce point.

Pour qu'un corps solide soit en équilibre, il suffira donc que le centre de gravité soit soutenu. Ainsi un homme debout ne court risque de tomber que lorsque son centre de gravité n'est plus au-

______

(1) Newton a découvert cette loi générale que l'intensité de la pesanteur est en raison inverse des carrés des distances au centre d'attraction.

dessus de la base déterminée par la position de ses pieds. Une charrette à deux roues sera en équilibre quand la verticale abaissée du centre de gravité tombera entre les deux roues ; si elle tombe en dehors, ou sur le point auquel une des roues touche le sol, la voiture versera infailliblement (voir *figure* 1re).

FIGURE 1.

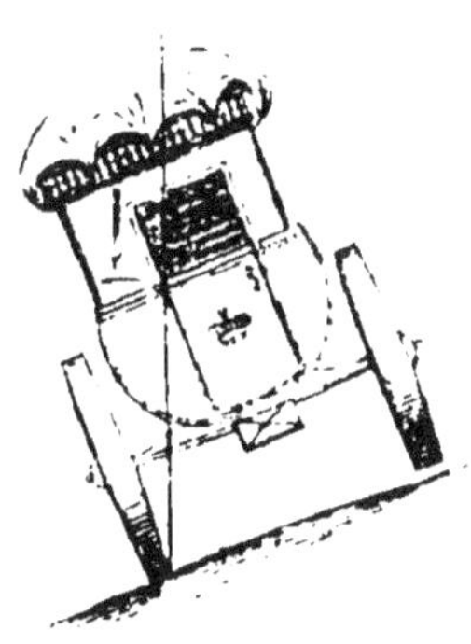

On trouve mécaniquement le centre de gravité d'un corps quelconque, en le suspendant à des fils dans trois positions différentes, on obtiendra alors trois directions qui se couperont en un point; c'est ce point qui sera le centre de gravité du corps.

Le pendule se compose d'un corps solide, suspendu à un point fixe par un fil inextensible. On nomme oscillation chacun des mouvemens périodiques du pendule.

FIGURE 2.

Pendule.

L'observation du pendule a fait découvrir plusieurs faits fort remarquables.

1° Lorsque l'extrémité du pendule décrit des arcs extrêmement petits, les oscillations sont sensiblement isochrones, c'est-à-dire de même durée.

2° Un même pendule étant successivement soumis à l'action de pesanteurs d'intensités différentes (1), la durée des oscillations est constamment proportionnelle aux racines carrées de ces intensités.

3° Si deux pendules de longeurs différentes sont

(1) On sait que la pesanteur est la force d'attraction vers le centre de la terre, force qui varie avec la distance.

soumis à l'action d'une même pesanteur, les durées de leurs oscillations sont entre elles, comme les racines carrées de ces longueurs.

Il résulte de ces différentes observations que l'on peut employer le pendule à mesurer le temps et à vérifier l'exactitude des horloges.

On peut s'en servir encore pour déterminer l'intensité de la pesanteur dans chaque lieu terrestre. Au moyen du pendule on peut retrouver la longueur du mètre, et désormais, quand il arriverait que tous les mètres seraient perdus ou altérés, on pourrait retrouver cette mesure sans recommencer ces longues et difficiles expériences qui ont servi à la déterminer. Il suffit pour cela d'avoir noté exactement le nombre des oscillations d'un pendule d'un mètre dans un temps donné ; en fabriquant un pendule quelconque, que l'on allongera ou raccourcira jusqu'à ce qu'il fasse dans le même temps un nombre égal d'oscillations, on obtiendra exactement la longueur du mètre.

La balance est un levier dont les deux bras sont égaux, si l'on suspend aux extrémités deux plateaux ou bassins propres à recevoir les corps, on forme la balance ordinaire. La barre qui supporte les plateaux forme les fléaux de la balance. La balance la plus sensible et la plus parfaite est celle de Fortin (voir *fig*. 3.). Quand, à l'aide de la balance on a déterminé les poids de plusieurs corps, on trouve facilement les rapports de leurs masses, car les masses des corps sont proportionnelles à leurs poids.

FIGURE 3.

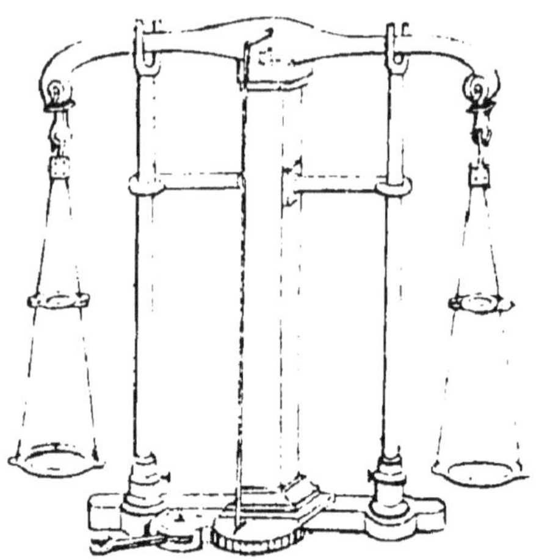

Balance de Fortin.

En comparant les densités des corps, on arrive à leurs poids spécifiques; ce sont les nombres qui expriment combien de fois, à volume égal, les corps pèsent plus ou moins qu'un certain corps dont le poids est pris pour terme de comparaison. Le corps que l'on a choisi est l'eau distillée, ramenée à son maximum de densité, c'est-à-dire, aux circonstances dans lesquels son poids est le plus grand relativement à son volume, ce qui arrive quand la température est d'environ 4 degrés au-dessus de 0.

On connaît plusieurs méthodes pour déterminer les poids spécifiques des corps : la plus simple consiste à les peser comparativement; une autre méthode plus exacte est fondée sur ce principe qu'un corps plongé dans un fluide y perd une partie de son poids égale au poids du volume du fluide déplacé ; c'est d'après ce principe qu'ont été inventés les instrumens appelés aréomètres (voyez *fig.* 4) ou pèse-liqueurs.

FIGURE 4.

Aréomètre de Fahrenheit.

L'un des plus employés en physique est l'aréomètre de Fahrenheit qui fait connaître la densité des liquides par le poids dont il faut le charger pour le faire enfoncer dans ces liquides jusqu'à un certain point marqué sur le tube.

2.

Il résulte des mêmes principes qu'un corps flottera sur l'eau toutes les fois qu'il sera plus léger que le volume d'eau qu'il déplace. L'homme peut nager parce que son corps est, en général, un peu plus léger que l'eau douce; la difficulté de la natation, vient de ce que la partie supérieure du corps de l'homme est la plus lourde, et que si le nageur n'exécutait des mouvemens convenables sa tête serait plongée dans l'eau.

DU CALORIQUE EN GÉNÉRAL.

Des thermomètres. — Des pyromètres.— Propagation de la
chaleur.

La cause de la sensation de chaleur que certains
corps nous font éprouver a reçu le nom de calorique.

L'expérience a fait connaître certaines propriétés
du calorique. C'est ainsi que le calorique se répand
comme un fluide qui chercherait toujours à se mettre
en équilibre, en d'autres termes, les corps tendent
à prendre la même température.

Le calorique s'échappe par tous les points des
surfaces des corps qui le contiennent; ces émanations de calorique constituent le calorique rayonnant.

Tous les corps ne sont pas aptes à recevoir une quantité égale de calorique : ainsi deux corps égaux en masse, et donnant à la main qui les touche des sensations égales de chaleur, contiennent quelquefois des quantités fort différentes de calorique ; il faut conclure de là qu'il y a dans les corps une portion de calorique qui n'influe pas sur leur température ; le calorique libre est celui qui détermine la température des corps, le calorique latent est celui qui n'est point appréciable aux sens, celui qui n'influe pas sur la température de ces mêmes corps.

Le calorique change l'état des corps, il les dilate, éloigne leurs molécules les unes des autres, et rend gazeux les corps liquides et liquides ceux qui sont solides.

Les thermomètres sont des instrumens destinés à mesurer la température des corps ; ils sont fondés sur le principe de la dilatation des corps par le calorique.

Le thermomètre indique seulement la température du corps qui communique immédiatement avec lui.

C'est en général de l'esprit-de-vin ou du mercure que l'on emploie pour construire un thermomètre. Ces deux substances ont l'avantage de subir des variations de volume presque toujours proportionnelles aux changemens de température ; de plus, elles peuvent supporter un plus grand froid que la plupart des autres liquides avant de se congeler ;

enfin, elles éprouvent une dilatation sensible pour de faibles augmentations de température.

Pour construire un thermomètre, il faut prendre un tube d'un diamètre intérieur qui soit partout le même, afin que des longueurs égales correspondent à des volumes égaux; si l'on voulait employer un tube inégal, il faudrait alors le calibrer, c'est-à-dire marquer sur toute sa longueur des intervalles successifs correspondant à des volumes égaux.

Lorsque l'on veut introduire le liquide, on chauffe le tube afin de dilater l'air qu'il renferme et d'en chasser une partie; on plonge ensuite rapidement l'extrémité opposée du tube dans l'esprit-de-vin ou le mercure, la pression de l'air extérieur qui n'éprouve plus, de la part de l'air raréfié dans le tube, la résistance nécessaire pour maintenir l'équilibre, fait pénétrer le liquide dans le tube, et on chauffe alors ce liquide lui-même afin de chasser tout l'air qu'il contient. Avant de fermer le thermomètre, on en règle la course, c'est-à-dire que l'on fait sortir ou rentrer une certaine quantité de liquide, jusqu'à ce que le sommet de la colonne corresponde à-peu-près à la hauteur que l'on veut choisir pour la température moyenne; on ferme ensuite à la lampe l'extrémité du tube.

Graduer un thermomètre, c'est marquer sur ce thermomètre deux points fixes, et diviser en parties égales l'intervalle qui les sépare. Les deux points fixes sont déterminés d'une part au moyen de l'eau bouillante qui donne une température constante, et de l'autre par la glace fondante qui se maintient également au même degré, tant qu'elle n'est pas devenue entièrement liquide.

Réaumur avait divisé en 80 degrés l'intervalle existant entre le point où le liquide s'était arrêté dans la glace fondante, point qu'il avait marqué zéro, et celui où la colonne s'élevait lorsqu'elle se trouvait en contact avec l'eau bouillante.

Dans le thermomètre centésimal, dont on se sert le plus habituellement aujourd'hui pour les expériences de physique, le même intervalle est divisé en cent degrés.

Le célèbre physicien Fahrenheit a employé le mercure dans la construction de ses thermomètres, et a divisé en cent quatre-vingts degrés, l'intervalle compris entre la glace fondante et l'eau bouillante, mais il ne s'est pas servi de la température de la première, pour marquer le point de départ. Dans son thermomètre, le zéro correspond au froid produit par un mélange de sel et de neige; l'eau bouillante est au 212ᵉ degré, la glace fondante au 32ᵉ.

L'on voit que les thermomètres de Réaumur, les centigrades, et ceux de Fahrenheit ne diffèrent que par la manière dont ils sont divisés; du reste, ils sont tous parfaitement analogues.

Les pyromètres sont des instrumens fondés également sur le principe de la dilatation des corps par le calorique. Ils sont construits non plus avec des liquides comme le thermomètre, mais avec des solides qui, se dilatant beaucoup plus lentement que les liquides et ne changeant d'état que sous l'influence d'une chaleur beaucoup plus forte, servent à apprécier des températures beaucoup plus élevées : ainsi les pyromètres sont employés pour indiquer le degré de chaleur des fours à porcelaine. Le pyromètre qui rend le plus sensible la dilatation des solides, est composé d'une barre de métal, contre laquelle est appuyé le petit bras d'un levier, dont le plus long est terminé en aiguille, et tourne devant un cadran ; quand la chaleur allonge le barre métallique, elle pousse le petit bras du levier et l'aiguille avance d'une manière très apparente sur le cadran (voy. *fig*. 5).

FIGURE 5.

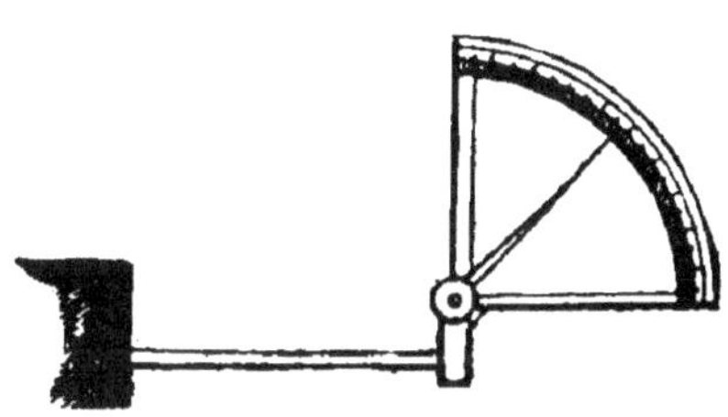

Pyromètre à cadran.

Au moyen du pyromètre, on a reconnu que les solides se dilatent uniformément entre les températures de 0° et 100°. En d'autres termes que leur ac-

croissement est alors porportionnel aux températures. Mais pour un même degré de température,
chaque espèce de solide ne se dilate pas également, et de la même quantité. C'est en tirant
parti de l'inégalité des dilatations des différens métaux qu'on est parvenu à la construction de ces ba-
lanciers de nos pendules les plus perfectionnées, dont
la longueur ne varie jamais, quels que soient les
changemens de température. L'appareil est disposé de manière à ce que l'allongement de plusieurs
barres de métal placées en différens sens, maintienne le centre de gravité à une égale distance du
point de suspension.

Pour les liquides on n'a pu découvrir aucune règle bien constante dans leur dilatation ; ils s'accrois-
sent inégalement, irrégulièrement pour une augmentation égale de température. Toutefois l'on a
observé que plus le liquide est près de l'ébullition et
plus la dilatation est rapide; elle l'est d'autant moins
au contraire que le liquide est près de se congeler.
Depuis 0° jusqu'à 100° les vapeurs et les gaz se dilatent uniformément pour chaque degré du thermomètre centigrade. Au-delà leur dilatation devient ir-
régulière.

Les corps sont appelés bons ou mauvais conducteurs, selon qu'ils transmettent plus ou moins rapidement le calorique d'une de leurs extrémités à
l'autre.

Dans les liquides la transmission de la chaleur de
molécule à molécule est très lente. Cependant une

masse liquide se met assez promptement au même degré de température: ces deux observations différentes
se concilient aisément, la transmission la plus active
du calorique se fait dans le dernier cas d'une autre
manière que pour les solides. En effet, une couche de
liquide échauffée se dilate, devient plus légère et
monte à la surface, la couche moins échauffée et plus
dense qui vient la remplacer éprouve la même dilatation et s'élève à son tour. Il en résulte, dans une
masse liquide. soumise à l'action de la chaleur,
des courans ascendans et descendans qui font que,
bientôt, tout le liquide a pris le même degré de température.

Pour les gaz le mode de transmission du calorique
est le même.

L'on a supposé que les corps émettent du calorique
rayonnant, quelle que soit leur température. Ces
rayons projetés dans l'espace rencontrent d'autres
corps qui les absorbent ou les réfléchissent. Ainsi,
deux corps de température inégale s'enverront réciproquement des rayons caloriques, et tendront à se
mettre en équilibre de température, c'est-à-dire
qu'après un certain temps, ils auront tous deux le
même degré de chaleur. On verra plus tard que des
phénomènes très remarquables résultent de ce
rayonnement de calorique.

L'expérience a prouvé qu'à température égale, les
surfaces polies et brillantes sont les plus défavorables
à l'émission et à l'introduction du calorique, tandis
que les surfaces inégales et ternes sont les plus fa-

vorables à cette émission et à cette introduction. Ainsi des métaux polis, tels que le cuivre, l'argent, l'or, absorberont et perdront moins de calorique en un temps donné, qu'une substance telle que le noir de fumée.

CHAPITRE IV.

CALORIQUE COMBINÉ

ou calorique latent.

Calorimètre. — Capacité des corps pour le calorique.

Supposons une masse solide entrant en fusion et une masse liquide se changeant en vapeur, pendant tout le temps que dure la transformation des corps, le thermomètre que l'on met en contact avec eux ne varie pas, et quelle que soit la quantité de chaleur que l'on emploie, la température des corps reste toujours la même jusqu'à ce que le changement d'état soit complet. C'est que, dans ces deux cas, le calorique introduit est tout entier employé à modifier l'état du corps, et que sa combinaison avec le corps est nécessaire pour le maintenir dans son nouvel état; ce calorique qui s'absorbe ainsi, et devient insensible, est ce que l'on nomme calorique latent ou combiné ; lorsque les corps de l'état de liquide, ou gazeux reviennent à l'état de solide ou liquide, ils abandonnent alors tout le calorique qu'ils renfermaient, et le calorique combiné devient calorique libre ; il en résulte un dégagement de chaleur considérable que l'on utilise dans beaucoup de circonstances : par exemple, pour le chauffage à la vapeur, la chaleur que l'on obtient est due au calorique abandonné par le gaz, passant à l'état liquide.

On peut connaître la capacité des corps pour le calorique, en mesurant la quantité de glace fondue par chacun d'eux pris à une température déterminée. On donne le nom de calorimètres aux instrumens, à l'aide desquels on fait ces appréciations.

La chaleur spécifique d'une substance est la quantité de calorique qui lui est nécessaire pour éprouver un changement de température donné.

La capacité d'un corps pour le calorique sera constante, lorsqu'à poids égal, il faudra des quantités égales de chaleur pour élever la température de 1° en un point quelconque de l'échelle thermométrique. Les physiciens emploient différentes méthodes pour connaître les chaleurs spécifiques des corps.

On opère par la fusion de la glace au moyen du calorimètre de Lavoisier et de La Place. Plus il y a de glace fondue par un corps chaud placé à l'intérieur, plus la chaleur spécifique du corps est grande.

FIGURE 6.

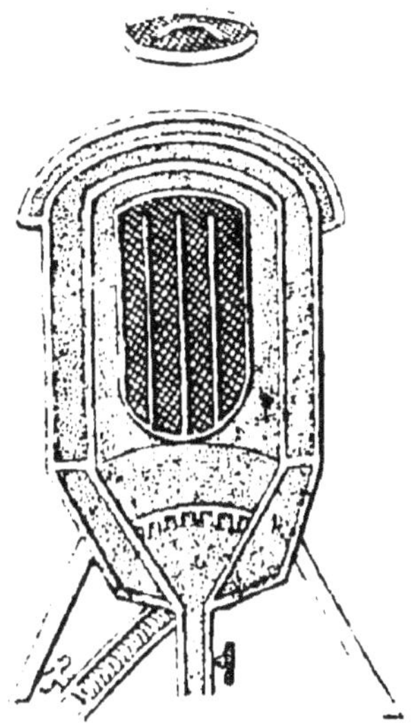

Calorimètre de Lavoisier et de La Place.

La méthode du refroidissement repose sur ce principe que deux surfaces égales et également rayonnantes perdent dans le même temps une même quantité de chaleur, lorsqu'elles sont à la même température.

D'après une dernière méthode, on mélange deux corps : un corps chaud qui se refroidit et un corps froid qui se réchauffe, de telle façon que toute la chaleur qui sort du premier soit employée à élever

3.

la température du second. Ainsi , on mélange successivement avec de la glace plusieurs liquides en même quantité et à température égale : celui qui fera fondre la plus grande quantité de glace sera le liquide doué de la plus grande chaleur spécifique.

CHAPITRE V.

DES VAPEURS.

De la chaleur animale. — Principales sources de la chaleur.

Les vapeurs sont des liquides passés à l'état aériforme.

Les expériences ont démontré que la vaporisation
ou la réduction d'un liquide en vapeur a lieu instantanément dans le vide

Dans un espace contenant de l'air ou des gaz
quelconques, l'évaporation d'un liquide a lieu en
un temps d'autant plus long, que la densité de ces
gaz est plus grande.

La vaporisation peut se faire à toutes les températures, avec ou sans ébullition, mais elle est plus
rapide quand la température est plus élevée.

La nature du liquide et la pression exercée

à sa surface, influent sur le degré de l'ébullition.

A l'air libre les vapeurs se forment en quantité indéterminée ; mais dans un espace clos, il arrive un moment où les vapeurs ne se forment plus : on dit alors que cet espace en est saturé.

La quantité de vapeur nécessaire pour cet état de saturation, est la même pour un espace vide et pour un espace égal rempli d'air ou d'un gaz quelconque ; mais elle est d'autant plus grande que la température est plus haute.

Les vapeurs sont élastiques, c'est-à-dire que si on les comprime, elles font effort pour reprendre leur premier volume.

La température des vapeurs étant supposée constante, leur élasticité est en rapport avec leur densité, et elle est d'autant plus grande que la pression qui s'exerce sur elles, au moment où elles se forment, est plus considérable. Cette force d'expansion dépend aussi de la température des vapeurs.

L'élasticité d'une vapeur se mesure par la pression que cette vapeur exerce sur le mercure du baromètre, en déduisant celle qui est due au poids de l'air.

Au moment où l'ébullition a lieu, la vapeur qui se forme, malgré la pression atmosphérique, a une force élastique qui peut être considérée comme égale à la pression atmosphérique, exercée sur la surface du liquide. De plus, la température de la vapeur du liquide est la même que celle de la surface de ce liquide : ainsi la vapeur qui s'échappe d'un vase rempli d'eau bouillante, a la même chaleur que cette eau, au moment où elle s'en dégage.

Les différentes espèces de liquides n'entrent pas en ébullition à une même température, sous une même pression.

L'expérience a démontré que si l'on augmente ou si l'on diminue, d'un même nombre de degrés les températures, où les forces élastiques des vapeurs de deux liquides sont égales, les nouvelles forces élastiques augmentées ou diminuées seront encore égales entre elles. De plus, la force élastique d'une vapeur à une température quelconque est d'autant moindre, que le liquide qui la fournit exige pour bouillir une température plus élevée. La vapeur d'eau, en vertu de sa grande élasticité dans les hautes températures, a été employée comme force motrice, et adaptée à plusieurs machines qui ont reçu le nom de machines à vapeur. Les accidens qui accompagnent trop souvent encore l'emploi des machines à vapeur, résultent la plupart du temps de ce que la vapeur accumulée en trop grande quantité dans un étroit espace, y acquiert une force élastique, capable de briser les parois du vase qui la renferme, et de produire une explosion terrible.

Les corps inertes sont soumis aux lois du calorique, mais il n'en est pas de même des corps organisés et vivans. Ils ne sont pas influencés comme les précédens par les circonstances extérieures. C'est ainsi que, quelles que soient les régions du globe qu'il habite, l'homme conserve toujours à-peu-près la même température intérieure. Par une admirable prévoyance du souverain ordonnateur de toutes choses, il a en lui la faculté de résister aux froids des régions polaires, et d'en braver les frimas, il peut encore s'exposer sous les tropiques à toute l'ardeur d'un soleil brûlant. Dieu a voulu que toute la terre fût ouverte à l'homme. Pour l'homme et les animaux, la respiration est la source principale de la chaleur, mais ce n'est pas la seule, et chacun des actes de la vie animale est accompagné d'un développement de chaleur.

La transpiration est le mode le plus actif de refroidissement qui soit donné à l'homme. Ces diverses causes se combinent, et quelle que soit la chaleur des lieux que l'homme habite, sa température est toujours de 30 à 32 degrés environ.

La chaleur solaire, la combustion, la compression, sont les principales sources auxquelles l'on doit rapporter les moyens par lesquels le calorique est produit. Le soleil est le seul corps céleste qui envoie à la terre une chaleur sensible.

La chaleur solaire varie suivant les différentes heures du jour, elle est moindre vers l'aurore, le calorique étant employé à la vaporisation de la rosée. Elle est plus grande vers deux heures après midi, parce qu'à la chaleur solaire vient s'ajouter la chaleur émanée de la terre qui elle-même est échauffée.

La combustion est une autre source de chaleur.

La chaleur qu'elle fournit est attribuée à la combinaison du fluide aériforme avec la matière brûlée, il se produit de la chaleur et du feu partout, procédé qui rapprochant les molécules, dégage le calorique interposé entre elles. Tel est le phénomène qui a lieu, quand on choque deux cailloux ou l'acier d'un briquet contre une pierre à fusil.

CHAPITRE VI.

DE LA ROSÉE.

Du givre ou gelée blanche. — Des nuages. — De la pluie.—
De la neige. — Du verglas.

Pendant les nuits calmes et sereines, la rosée se
dépose en grande abondance. Si le ciel se couvre, la
rosée qui avait commencé à tomber s'arrête, il peut
même arriver que celle qui avait couvert les corps
disparaisse entièrement. Plusieurs circonstances
influent sur la production de ce phénomène. C'est
ainsi qu'un grand vent, un ciel couvert s'opposent
à sa production, tandis qu'une légère agitation de
l'air, un ciel serein, après une petite pluie lui sont
très favorables. Ces circonstances se trouvent sou-

vent réunies pendant les nuits du printemps et de l'automne; aussi, est-ce alors surtout, que la rosée est abondante.

Les lieux abrités du soleil sont ceux où elle se forme tout d'abord, et elle se dépose plus rapidement dans la seconde moitié de la nuit que dans la première.

La quantité de rosée qui se précipite sur les corps dépend en partie de leur constitution et de leur nature; ainsi les métaux sont de tous les corps ceux qui en sont le moins couverts ; la situation dans laquelle se trouve ces corps par rapport aux objets voisins, a aussi une grande influence sur ce phénomène. Ainsi, tout ce qui tend à diminuer l'étendue de la portion du ciel qui peut être aperçue de la place que le corps occupe, diminue la quantité de rosée dont celui-ci se recouvre. Lorsque la rosée se dépose, la température de l'herbe est de beaucoup plus basse que celle de l'air, il en est de même pour les métaux et les autres corps sur lesquels la rosée peut se former. Aussi observe-t-on un rapport très remarquable entre l'abaissement plus ou moins grand de température des corps et l'augmentation ou la diminution de la rosée à leur surface. Il est prouvé par l'expérience que ce refroidissement loin d'être produit, comme on le dit vulgairement, par la rosée, en est au contraire la cause.

Le phénomène de la rosée est en tout semblable à ce qui se passe dans un appartement où règne une température plus élevée que celle du dehors. Les vitres en contact avec l'air extérieur sont à une température plus basse que celle de l'appartement; la couche d'air qui les avoisine se refroidit, la vapeur qu'elle contient se condense, et se dépose contre les vitres, une seconde couche d'air la remplace, abandonne de même sa vapeur, et ainsi de suite; l'herbe et les corps qui se recouvrent de rosée rayonnent leur calorique, mais moins ils rayonnent, c'est-à-dire plus leur température est basse et plus la rosée s'y dépose. Elle tombe en moins grande quantité sur les corps qui rayonnent beaucoup, comme les métaux. Lorsque le ciel se couvre, les nuages rayonnent et envoient à la surface de la terre une quantité de calorique qui compense celui qu'elle perd par le rayonnement; aussi, sa température ne s'abaisse pas, et il n'y a pas production de rosée.

Le givre ou la gelée blanche s'observe dans nos climats pendant les fraîches matinées du printemps et de l'automne. Sa cause est la même que celle de la rosée, car le givre n'est autre chose que de la rosée congelée.

Les gelées d'automne et surtout les gelées du printemps, quelquefois si funestes aux premières pousses des végétaux, ont aussi pour cause principale l'influence du rayonnement de la nuit. Si l'air est humide, elles seront accompagnées de givre, tandis que si l'air est sec, elles existeront sans aucune apparence de gelée blanche, ni de rosée. Toutes les circonstances qui favorisent la formation de la rosée et du givre favorisent également la formation de la gelée blanche. Aussi n'est-il pas difficile de préserver les plantes des gelées légères : il suffit d'une simple toile placée au-dessus d'elles ; car il ne s'agit pas de chauffer la plante, il faut seulement éviter qu'elle ne se refroidisse par le rayonnement.

Les brouillards se forment lorsque les vapeurs répandues dans l'atmosphère par l'effet de la chaleur, venant à se condenser, deviennent visibles et offrent l'aspect d'un épais nuage.

Les brouillards qui se forment sur la mer, les lacs, les rivières, sont dus à ce que l'eau, échauffée dans la journée par le soleil, se réduit en vapeurs qui restent suspendues dans l'air ; mais l'air est moins échauffé que l'eau ; il en résulte que les vapeurs se condensent et forment des brouillards et ceux-ci sont d'autant plus abondans que la température de l'eau est plus élevée au-dessus de la température de l'air.

Les nuages sont des amas de brouillards plus ou moins épais, suspendus à diverses hauteurs dans l'atmosphère, et qui obéissent à l'impulsion des vents. Les vapeurs qui s'élèvent de terre donnent souvent naissance à des nuages, mais ceux-ci peuvent encore être produits par la rencontre de deux vents humides d'inégale température, ou bien par la condensation des vapeurs au milieu des airs.

Lorsque les nuages, par leur accumulation successive et leur condensation, deviennent trop lourds pour se soutenir dans l'atmosphère, ils tombent, et la masse d'eau qui les forme se trouve divisée par l'air en gouttelettes plus petites ou plus grosses, suivant que les nuages sont plus ou moins élevés.

On a peu de notions certaines sur la formation de la neige, on ne sait si déjà elle existe dans les nuages, ou si les flocons se forment en traversant les couches inférieures de l'atmosphère. Le grésil a sans doute la même origine que la neige, seulement il subit une plus forte condensation. Quant au verglas, il est dû à la différence de température du sol et de l'air : l'air est assez chaud pour qu'il tombe de la pluie et le sol trop froid pour que cette pluie se maintienne à l'état liquide, dès qu'elle est en contact avec lui. Elle doit donc se congeler en arrivant à terre. Ainsi, il ne tombe réellement pas de verglas, mais le verglas se forme quand la pluie est tombée.

Les pluies sont une des principales sources de la fécondité de la terre, et l'on ne saurait trop admirer la prévoyante bonté du créateur, qui fait concorder la saison des pluies avec celle où les besoins de l'agriculture réclament les grands arrosemens naturels. Ce sont les pluies qui, revenant plus ou moins fréquemment, rafraîchissent l'air, modèrent les ardeurs du soleil, et divisent les particules de la terre, de manière à permettre aux racines de la pénétrer, en même temps qu'elles nourrissent ces mêmes racines. Quel délicieux spectacle nous offre la verdure, ravivée par une douce pluie de printemps! Les plantes relevant leurs tiges pleines de vie et de vigueur, toutes les feuilles humides brillant aux rayons du soleil, et les fleurs, parées d'un état nouveau, entrouvrant leurs corolles ou quelques gouttelettes étincellent encore comme des diamans!

Mais les pluies ne sont pas le seul moyen dont se serve la Providence pour humecter et fertiliser la terre; en effet, elles sont inconstantes dans beaucoup de climats et souvent insuffisantes; mais alors la rosée les remplace, et ce phénomène plus universel est aussi plus régulier. Dans les plus grandes sécheresses, c'est la rosée qui soutient et ranime les plantes et conserve les alimens les plus précieux pour l'homme, qui ne songe guère à bénir la bonté divine d'un bienfait de chaque jour.

LIVRE II.

De l'air. **De** l'acoustique.

PREMIÈRE PARTIE.

CHAPITRE PREMIER.

DE L'AIR.

Baromètres. — Aérostats. — Machines pneumatiques — Pompes.

Le globe terrestre est environné d'une atmosphère qui a une hauteur de 16 lieues environ. L'air qui constitue cette atmosphère est un composé de gaz azote, de gaz oxygène et d'une très faible quantité d'acide carbonique.

L'air, comme tous les autres corps, est soumis à

l'action de la pesanteur ; comme eux il tend à descendre vers le centre de la terre, et exerce une pression, en vertu de son poids, sur tout ce qui lui fait obstacle. Ce fut Galilée qui reconnut le premier la pesanteur de l'air en 1640, et les expériences de Toricelli et de Pascal confirmèrent cette importante découverte. On prouve cette propriété de l'air à l'aide d'un instrument qui sert à mesurer les divers degrés de pression de l'atmosphère, et qu'on appelle le baromètre. Il consiste généralement en un tube de verre rempli de mercure, une de ses extrémités est fermée, l'autre est ouverte et plonge dans une cuve de mercure en communication avec l'air extérieur; selon que l'air presse plus ou moins sur la surface du mercure de la cuve, le métal monte plus ou moins haut dans le tube. On donne à cet instrument des formes différentes, suivant l'usage auquel on le destine. Les deux principales espèces de baromètres sont les baromètres à siphon et les baromètres à cuvette. Dans les premiers le tube est recourbé à sa partie inférieure comme un siphon, tandis que les derniers, dont nous avons déjà parlé, présentent un tube droit, plongeant dans une cuvette plus ou moins large.

Les variations du baromètre indiquent un changement présent dans l'atmosphère; beaucoup de personnes pensent qu'elles annoncent aussi un changement futur, et qu'il suffit de savoir bien consulter le baromètre pour prédire à coup sûr la pluie et le beau temps plusieurs jours à l'avance. C'est

FIGURES 7 ET 8.

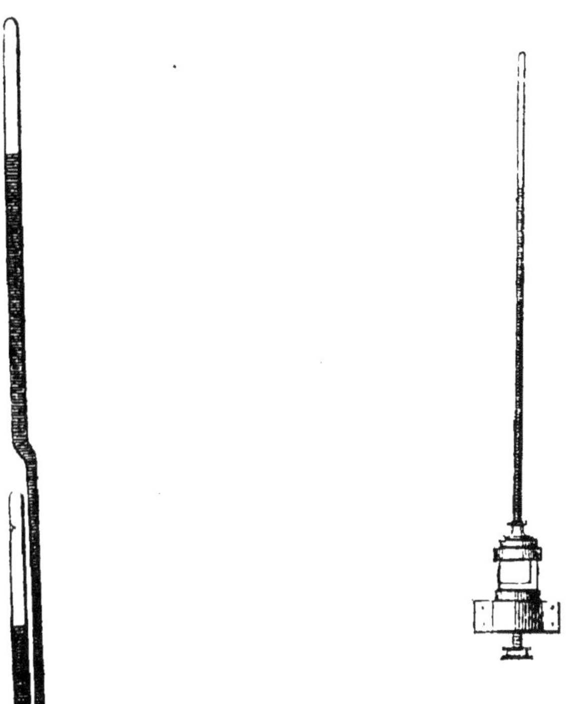

Baromètre à siphon.   *Baromètre à cuvette.*

ainsi que quand le sommet de la colonne de mercure
est convexe, c'est qu'il se dispose à monter, alors
on doit espérer du beau temps, si au contraire il
est concave, c'est que le mercure se dispose à descendre et alors on doit craindre le vent ou la pluie.

Lorsque deux vents règnent en même temps l'un près de terre, l'autre dans une région plus élevée de l'atmosphère, si le vent le plus bas vient du nord et plus élevé du sud, il ne pleuvra pas, quoique le baromètre puisse être très bas ; mais, au contraire, si le vent le plus élevé vient du nord, et que le plus bas arrive du midi, il pourra pleuvoir, quoique la colonne de mercure puisse être alors fort haute. Quand le mercure monte un peu après être resté quelque temps sans mouvement, on a lieu d'espérer du beau temps, mais s'il descend, c'est un signe de pluie ou de vent.

Dans un temps fort chaud l'abaissement du mercure annonce le tonnerre.

Quand le mercure monte en hiver, c'est un signe de gelée, quand par la gelée il descend, c'est un signe de dégel ; mais s'il continue à monter lorsqu'il gèle, on peut s'attendre à voir tomber de la neige.

Lorsque, pendant une tempête, le baromètre monte, on peut être certain qu'elle durera peu ; si le mercure monte la nuit, il est fort probable que le jour suivant sera beau.

Enfin, en général, toutes les fois que le mercure monte ou descend rapidement, il annonce un changement de courte durée ; on doit présumer, au contraire, que le changement sera durable, quand les variations du mercure sont lentes et régulières.

L'observation prouve que l'air est compressible, et qu'il tend avec d'autant plus de force à se dilater, qu'il est comprimé davantage, c'est en cela que consiste son élasticité.

Mariotte a trouvé que les volumes auxquels se réduit une même masse d'air comprimée, sont en raison inverse des forces qui la pressent : telle est la loi de physique, connue sous le nom de loi de Mariotte. Cette loi comprend celle des dilatations, d'après laquelle les volumes d'air augmentent dans la même proportion que les pressions diminuent.

On raréfie l'air au moyen de machines pneumatiques, en faisant le vide d'une manière plus ou moins complète. La machine pneumatique n'est qu'une double pompe à air. Pour en faire comprendre le jeu, il suffit d'expliquer l'action d'une simple pompe, assez parfaite pour ne pas laisser échapper l'air, en portant un piston garni d'une soupape qui puisse s'ouvrir au-dehors. Adaptons cette petite pompe à un vase rempli d'air et muni lui-même d'une soupape ouvrant à l'intérieur du corps de pompe. Quand on abaisse le piston, l'air enfermé dans le corps de pompe ferme la soupape inférieure sur laquelle il presse, soulève la soupape supérieure par la force élastique qu'il acquiert en diminuant de volume, et s'échappe dans l'atmosphère. Si on relève le piston, comme il n'y a plus d'air dans le corps de pompe, celui du vase pressant seul la soupape inférieure s'ouvrira, et passera en partie dans le corps de pompe. Déjà l'air intérieur est raréfié, son élasticité est donc moindre que celle de l'air extérieur, et la soupape supérieure reste fermée ; mais lors-

qu'on fait descendre encore une fois le piston, il
arrive un moment où l'air est assez comprimé dans
le corps de pompe pour acquérir une élasticité plus
grande que l'air atmosphérique; il soulève la soupape
supérieure, et s'échappe comme la première fois.

FIGURE 9.

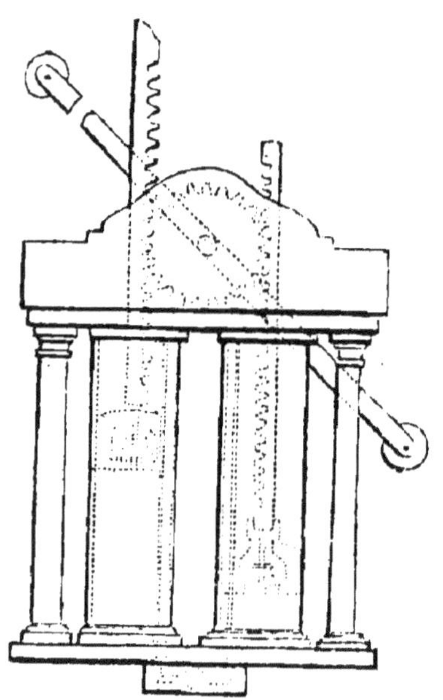

Ainsi, à mesure que l'on fait jouer le piston, le
vase abandonne une partie de l'air qu'il renferme
encore, et bientôt il n'en contient plus qu'une quantité presque inappréciable.

Telle est la manière dont agit la machine pneu-

FIGURE 10.

Machine pneumatique.

matique, seulement on la garnit de deux corps de pompe pour en rendre l'effet plus prompt et plus facile (fig. 9 et 10).

Les machines à compression produisent un résultat inverse : elles ont pour but de condenser l'air et de l'accumuler dans un récipient quelconque.

Le gaz ainsi comprimé peut acquérir une force élastique assez grande pour chasser en jet d'eau, le liquide avec lequel il aurait été renfermé, si on ouvre à ce liquide une issue par laquelle l'air lui-même ne puisse s'échapper (fig. 11).

FIGURE 11.

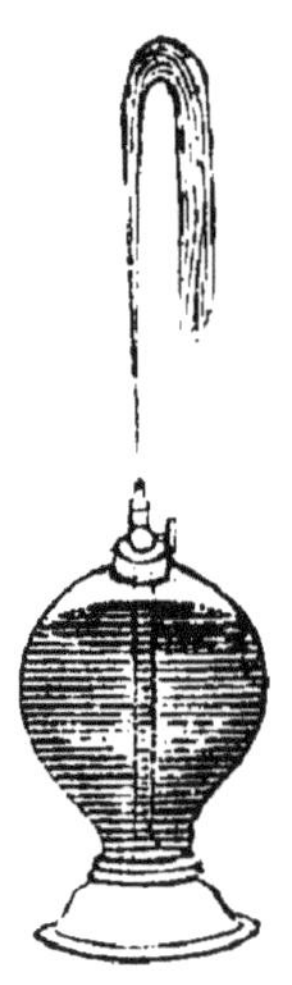

Les pompes sont des instrumens destinés, en gé-néral, à élever les liquides, soit qu'on veuille por-ter les eaux dans les lieux où elles manquent, soit qu'on se propose de dessécher les localités où elles séjournent. Il en est de trois espèces : la pompe aspirante, la pompe foulante, la pompe aspirante et foulante. Dans la première espèce, le vide s'opère au-dessous du piston qui joue dans le corps de pompe, et la pression atmosphérique fait monter l'eau dans le conduit ; c'est au contraire la pression du piston de la pompe foulante qui fait jaillir l'eau ; enfin, dans le troisième système, ces deux actions combinées produisent le même résultat, mais avec beaucoup plus d'activité.

C'est sur les différences de pesanteur spécifique des divers fluides gazeux que repose la construction des aérostats ou ballons. En observant que les vapeurs et les nuages, malgré leur poids, se soutenaient dans l'air, les inventeurs des aérostats ont conçu l'idée de construire des instrumens qui permissent à l'homme de s'élever dans l'atmosphère.

Ce furent les frères Montgolfier qui, en 1783, firent les premières expériences aérostatiques. Ils lancèrent un ballon formé d'étoffe de soie et contenant du gaz hydrogène, gaz beaucoup plus léger que l'air ; mais cette expérience n'eut point un succès complet, l'étoffe laissant échapper le gaz.

La même année, à Annonay, les frères Montgolfier renouvelèrent leur tentative, et cette fois ils dilatèrent par la chaleur l'air contenu dans le ballon, qui monta rapidement. Les expériences se répétèrent, et le 15 octobre 1783, Pilatre de Rosier osa le premier s'élever au sein des airs dans la nacelle d'un ballon. M. Gay-Lussac s'est élevé à 7000 mètres (une lieue trois quarts) ; c'est la plus grande hauteur à laquelle l'homme soit parvenue.

FIGURE 12.

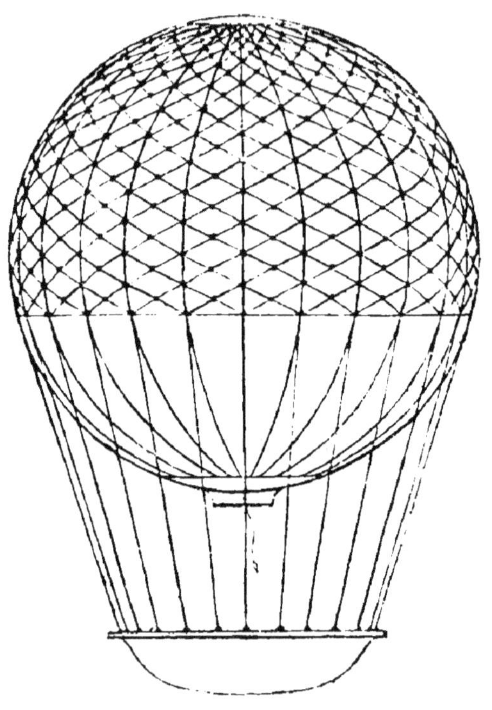

Aérostat.

Aujourd'hui ces machines sont très perfectionnées, le gaz hydrogène est seul employé, à cause
de sa très grande légèreté, et parce qu'il dispense
de l'usage du feu. Afin de pouvoir redescendre à
son gré, l'aéronaute adapte au ballon une soupape

à laquelle est attachée une corde qui descend dans la nacelle. Quand on ouvre la soupape, on augmente le poids spécifique de l'appareil par la déperdition du gaz que l'air remplace aussitôt, et l'on redescend lentement vers la terre.

On se sert encore du parachute ou vaste parapluie, qui soutient la nacelle et prévient les dangers d'une chute trop rapide.

CHAPITRE II.

DES VENTS, DES TROMBES.

Quelque nombreuses que soient les observations faites sur les vents, on ne sait encore que bien peu de choses relativement à leur origine, à leur direction, aux causes de leurs retours périodiques. Une des causes des vents est sans doute le vide qui s'opère dans certaines parties de l'atmosphère, et qui détermine un ébranlement général dans les couches d'air voisines ; ce vide résulte probablement de la prompte condensation des vapeurs au milieu de l'atmosphère.

Les vents les plus furieux forment ces ouragans, fréquens surtout dans les climats très chauds, où ils exercent aussi leurs plus grands ravages. En général, les ouragans occupent une très grande étendue en largeur et surtout en longueur, quelquefois quatre à cinq cents lieues ; leur vitesse est excessive, elle est quelquefois de vingt lieues à l'heure, et c'est à ce rapide passage de l'air que doivent être attribués les désastres que les ouragans occasionnent.

Ainsi, à la Guadeloupe, le 25 juillet 1825, un ouragan terrible se déclara, des maisons solidement construites furent renversées, des grilles en fer arrachées et brisées, des substances pesantes, telles que des planches épaisses et des morceaux de bois, des pierres même furent lancées en l'air avec une force telle qu'elles brisaient les arbres sur leur passage, et que des tuiles pénétrèrent dans les maisons en perçant les portes.

Les trombes sont un des plus effrayans et des plus incompréhensibles phénomènes de la météorologie. Ce qu'on en peut dire de plus certain, c'est qu'elles sont une terrible manifestation de cette puissance divine qui se joue de tous les efforts des hommes, et dont les coups doivent rabaisser notre orgueil en même temps qu'ils semblent anéantir nos forces et qu'ils confondent notre intelligence.

Les effets des trombes sont tellement violens que les lieux où elles ont passé deviennent méconnaissables : les travaux les plus vastes, les chefs-d'œuvre de l'industrie humaine, les plantations les plus anciennes, les constructions les plus solides, tout disparaît en un instant, on ne voit plus régner que l'horreur du désordre.

Pour donner une juste idée des trombes, nous rapporterons textuellement la description faite par M. Desmarquoy d'une trombe qui a dévasté plusieurs communes du Pas-de-Calais, le 6 juillet 1822.

« Le 6 juillet 1822, à une heure trente-cinq minutes de l'après-midi, dans la plaine d'Ossonval, village situé ouest-sud-ouest de Saint-Omer et à 6 lieues sud-est de Boulogne, des laboureurs durent quitter leur charrue à cause de l'obscurité et par la crainte d'un orage dont ils étaient menacés. Des nuages venant de différens points se rassemblaient rapidement au-dessus de la plaine. Bientôt ils n'en formèrent qu'un qui, seul, couvrait entièrement l'horizon. Un instant après on vit descendre de ce nuage une vapeur épaisse, ayant la couleur bleuâtre du soufre en combustion : elle formait un cône renversé dont la base s'appuyait sur la nue. La partie inférieure du cône, qui descendait sur la terre, forma bientôt, en tournoyant avec une vitesse considérable, une masse oblongue, de trente pieds environ, détachée du nuage. Elle s'éleva en faisant le bruit d'une bombe de gros calibre qui éclate, laissant sur la terre un enfoncement en forme de bassin circulaire de vingt à vingt-cinq pieds de circonférence et de trois à quatre pieds de profondeur à son milieu. A peine éloignée de cent pas du point de départ et dirigeant sa route de l'ouest à l'est, la trombe franchit la haie d'un manoir, y abat une grange et donne à la maison, plus solidement construite, une secousse que le fermier a comparée à celle d'un tremblememt de terre. Elle avait, en franchissant la haie, déchiré et emporté le sommet des arbres les plus forts ; vingt-cinq à trente arbres étaient renversés et couchés en sens divers, de manière à prouver que la trombe faisait son chemin en tournoyant. D'autres furent enlevés et accrochés, ainsi que plusieurs couronnes, au sommet de plus grands arbres de soixante à soixante-dix pieds de haut.

« Après ces premiers effets la trombe parcourut une distance de deux lieues sans toucher à terre, en emportant de très grosses branches d'arbres qu'elle vomissait à droite et à gauche avec bruit : arrivée à la pointe élevée du bois de Fauquemberg, elle y arracha de nouveau la tête de plusieurs chênes, que l'on vit passer avec elle au-dessus du village de Vendôme, situé au pied de la colline, du côté de la forêt.

« La trombe ne fit dans cette commune d'autre ravage que celui d'enlever avec sa racine un sycomore très gros, dans une prairie appartenant à M. Degroseillier ; l'arbre fut retrouvé à la distance de six cents pas.

«Continuant sa route à la manière d'un boulet que frappe la terre et se relève en ricochant, la trombe, se porta au village d'Audivet, où elle abattit la toiture de trois maisons et enleva plusieurs arbres, entre autres cinq ormes de très grande hauteur, tous cinq sortant d'une même souche.

« Au sorti de la vallée où sont situés ces derniers villages, la trombe s'éleva sur une montagne dite de Capelle. Plusieurs paysans qui y labouraient, virent avec effroi ce phénomène extraordinaire, traverser leurs habitations ; ils craignirent bientôt pour eux-mêmes, et n'eurent pour échapper au danger que le temps de se coucher, en se tenant fortement à leurs instrumens aratoires. Ils remarquèrent avec étonnement que leurs chevaux étaient tristes, mais ne s'effrayaient pas ; le soc de l'une de leurs charrues fut enfoncé dans la terre assez fortement, pour résister aux efforts de trois chevaux ; ils employèrent une pioche pour le retirer sans le briser.

Ce fut par ces laboureurs qui étaient placés sur la montagne, de manière à voir la trombe arriver et continuer sa route, que je parvins à connaître à-peu-près sa forme, sa grandeur et les élémens présumés qui pouvaient entrer dans sa composition. La forme était ovale, la longueur leur parut de trente pieds environ, l'autre diamètre pouvait en avoir vingt. La trombe tournait dans sa marche de manière à présenter successivement chacune de ses faces à tous les points de l'horizon. Il sortait de temps en temps de son centre des globes de feu, et souvent aussi des globes de vapeurs comme soufrées ; les uns et les autres rejetaient dans divers sens des branches que le météore avait entraînées de très loin.

« Le bruit qu'il faisait dans sa marche rapide était semblable à celui d'une voiture pesante courant au galop sur un chemin pavé. On entendait une explosion semblable à celle d'un fusil à chaque sortie d'un globe de feu ou de vapeur ; le vent, qui était impétueux, joignait à ce bruit un sifflement terrible. Après avoir déchiré la terre et emporté tout ce qui lui résistait dans un certain point, la trombe s'élevait au-dessus du sol, pour aller à une lieue et quelquefois à deux lieues de distance, recommencer

ses ravages. C'est ainsi qu'en quittant le mont Capelle, et suivant toujours la même direction, elle
alla enlever différentes meules de foin et beaucoup
d'arbres à Hernin-Saint-Julien, distant d'une lieue
de la montagne qui sépare Hernin d'Etrée-Blanche,
et traça un sillon de la largeur de trente pas dans
lequel le grain était détruit, dans une étendue de
trente arpens de terre.

« De là elle pénétra dans la vallée de Witernestre
et de Lambre. Le premier de ces villages, composé de
quarante habitations, n'en conserva que huit intac-
tes. Trente-deux maisons avec huit granges furent
renversées, et une énorme quantité d'arbres abat-
tus, déchirés, et emportés à une grande distance.
On remarqua à Witernestre que les pignons et les
murs des maisons furent couchés d'une manière di-
vergente de dedans en dehors.

« Le désastre ne fut pas moins considérable à Lambre. Plusieurs personnes distinguèrent parfaitement la marche tournoyante du météore, sa couleur d'un brun soufré et le centre de feu ardent,
d'où sortaient des éclats de vapeurs bitumineuses.
Les arbres qui entouraient l'église furent cassés et
déracinés; le mur et le toit de la maison du curé
enlevés; et dix-huit maisons la plupart bâties en
briques, sapées à leur fondation, avec le phénomène extraordinaire de l'écartement des murs renversés en dehors.

« Une circonstance heureuse au milieu de ce
grand désastre, c'est que personne n'a péri, pas

même dans les deux derniers villages. Un seul individu de Witernestre a été grièvement blessé au bras par une poutrelle.

« En quittant Lambre la trombe se divisa, une partie se dissipa dans les airs; l'autre qui ne paraissait plus qu'un nuage, chassée par un vent impétueux venant du nord-ouest se porta sur Lillers, bourg à trois lieues de Lambre, où elle cassa et déracina près de deux cents arbres; ensuite elle se dissipa à son tour. A trois heures le temps était calme, le ciel presque entièrement découvert, et le tonnerre, qui n'avait cessé de se faire entendre de tous les points de l'horizon, finit en même temps que la trombe ; la soirée et la nuit suivante furent très belles. »

Tout récemment (1839) une trombe vient d'exercer ses ravages à six lieues de Paris, entre Ecouen et Louvres, sur le parc de Chatenay. M. Peltier s'est transporté sur les lieux, a examiné les dégâts, et en a ainsi rendu compte à l'Académie des sciences.

« J'ai visité la commune de Chatenay, canton d'Ecouen, département de Seine-et-Oise, et j'ai étudié les désastres qu'elle a éprouvés le 18 juin dernier, par l'effet d'une trombe qui s'est formée à l'extrémité de la plaine, dominant au sud la vallée de Fontenay-les-Louvres. Accompagné de M. Hérelle, propriétaire du château de Chatenay, dont le parc a été si horriblement dévasté, et de M. Bouchard, ancien élève de l'école polytechnique, en-

touré de tous les renseignemens que me fournis-
saient les témoins oculaires, les habitans de Fontenay et de Chatenay, j'ai suivi sur le terrain l'origine de la trombe, sa marche, sa déviation, ses effets et sa terminaison. J'ai interrogé toutes les personnes signalées comme ayant vu et suivi des parties plus ou moins étendues de ce météore destruc-
teur. J'ai eu des témoins pour chacun des faits par-
ticuliers, pour chacune des apparences que présentait la trombe, relativement à la forme des nuages
qui la constituaient, aux vapeurs qui en sortaient,
aux flammes ou globes de feu qui l'accompagnaient, enfin aux tourbillons de poussière qui
s'élevaient de la terre et liaient ainsi le bas du
cône au sol. Aidé des lumières de M. Hérelle,
de celles de ses fils et de M. Bouchard, qui suivaient
avec moi la marche de la trombe, je crois être en
mesure de faire une relation exacte et détaillée du
météore qui a dévasté Chatenay, de pouvoir indiquer la cause de sa formation, de sa marche et de
sa terminaison; enfin, je crois pouvoir dire ce qu'é-
tait la trombe de Chatenay.

« Dès le matin un orage s'était formé au sud de
Chatenay, et s'était dirigé vers les dix heures,
dans la vallée située entre les collines d'Écouen et
le monticule de Chatenay. Les nuages étaient assez
élevés, et, après s'être étendus jusqu'au dessus du
village, ils s'arrêtèrent. L'orage paraissait stationnaire, et semblait devoir se résoudre dans la plaine
à l'ouest ne couvrant Chatenay que par son extré-

mité est. Le tonnerre grondait et ce premier orage suivait la marche ordinaire, lorsque vers midi un second orage venant également du sud, et marchant assez rapidement, s'avança vers la même plaine et le même monticule. Arrivé à l'extrémité de la plaine au-dessus de Fontenay, en présence du premier orage qui le dominait par son élévation, il y eut un temps d'arrêt à distance, qui laissa un instant les témoins de cette scène incertains sur la direction nouvelle que le second orage serait obligé de prendre. Il est évident que, puisque ces deux orages se tenaient ainsi en respect, c'est qu'ils se présentaient l'un à l'autre par leurs nuages chargés de la même électricité, qu'ils agissaient l'un sur l'autre par répulsion, et qu'il devait en naître une nouvelle direction, et des combats dans lesquels les accidens de terrain joueraient un grand rôle. Jusque-là, le tonnerre s'était fait entendre dans ce second orage, lorsque tout-à-coup un des nuages inférieurs s'abaissant vers la terre, se mit en communication avec elle et toute explosion parut cesser. Une attraction prodigieuse eut lieu, tous les corps légers, toute la poussière qui recouvraient la surface du sol, s'élancèrent vers la pointe du nuage; un roulement continuel s'y faisait entendre, de petits nuages voltigeaient et tourbillonnaient autour du cône renversé, et montaient et descendaient rapidement.

«Un observateur intelligent, M. Dufour, étant parfaitement placé, vit le cône terminé à sa partie inférieure par une calotte de feu, tandis que le berger Olivier, qui était sur les lieux mêmes, mais enveloppé dans le tourbillon de poussière, ne put rien voir de semblable.

« Les arbres placés au sud-est de la trombe, dans la moitié nord-est qui la regardait, ont été violemment arrachés; ceux de l'autre moitié n'ont pas été atteints et ont conservé leur état naturel. Les portions atteintes ont éprouvé une altération profonde dont nous parlerons tout-à-l'heure, tandis que les autres portions ont conservé leur sève et leur végétation. La trombe descendit dans la vallée, à l'extrémité de Fontenay vers des arbres plantés le long d'un ruisseau sans eau, mais encore humide; puis après avoir tout brisé et déraciné, elle traversa la vallée et s'avança vers d'autres plantations d'arbres à mi-côte qu'elle détruisit également. Là, la trombe s'arrêta quelques minutes comme incertaine de sa route; elle était parvenue au-dessous du premier orage.

« Le premier orage, jusque-là stationnaire et repoussé par la trombe, commença à s'ébranler et à reculer vers la vallée ouest de Chatenay.

« De son côté, la trombe arrêtée, comme nous l'avons dit, sur le plan Thibault, aurait infailliblement repris sa marche vers un bois placé à l'ouest, si le premier orage qui commençait à s'ébranler de l'avait pas protégé par la répulsion qu'il exerçait sur elle.

« La trombe ayant desséché, renversé et détruit tout le plan Thibault, s'avança vers le parc du château de Chatenay, en renversant tout sur son passage. Arrivée dans le parc, du château sur le sommet du monticule, elle transforma en lieu de désolation une des plus agréables habitations des environs de Paris; le parc a perdu tous ses arbres les plus beaux, les plus jeunes placés à l'extrémité et en dehors de la trombe, sont seuls restés; les murs sont renversés, le château et la ferme ont perdu leurs toitures et leurs cheminées, des arbres ont été transportés à plusieurs centaines de mètres, des pannes, des chevrons, des tuiles projetés jusqu'à plus de cinq cents mètres, etc. Tels sont en extrême abrégé les dégâts qu'a éprouvés cette belle habitation. La trombe ayant tout ravagé descendit le monticule vers le nord, s'arrêta au-dessus d'un étang, renversa et dessécha la moitié des arbres, tua tous les poissons, marcha lentement le long d'une allée de saules dont les racines trempaient dans l'eau, perdit dans ce passage une grande partie de son étendue et de sa violence, elle chemina plus lentement encore dans une plaine à la suite, puis, à mille mètres de Chatenay, près d'un bouquet d'arbres, elle se partagea en deux portions, l'une s'élevant en nuage et l'autre s'éteignant sur la terre.

« Tous les arbres, frappés par la trombe, présentent les mêmes caractères; toute leur sève a été vaporisée; le ligneux est resté seul et a perdu sa cohésion, il est desséché comme si on l'avait tenu pendant 48 heures dans un four chauffé à 150 degrés; il ne reste plus vestige de substance humide. Cette quantité immense de vapeurs formées instantanément, n'a pu s'échapper qu'en brisant l'arbre, en se faisant jour de toutes parts ; et comme les fibrilles ligneuses accolées sont moins cohérentes dans le sens longitudinal que dans le sens horizontal, ces arbres ont tous été réduits en lattes dans une portion de leur tronc. Quinze cents pieds d'arbres attestent qu'ils ont servi de conducteurs à des masses d'électricité, à des foudres continuelles, incessantes; que la température fortement élevée par cet écoulement de fluide électrique, a vaporisé instantanément toute l'humidité de ces conducteurs végétaux ; que cette vaporisation instantanée a fait éclater tous les arbres longitudinalement, que l'arbre, ainsi desséché et devenu mauvais conducteur, ne pouvait plus servir à l'écoulement du fluide, et comme il avait perdu toute sa force de cohésion, la tourmente qui accompagnait la trombe le cassait au lieu de l'arracher. En suivant la marche de ce phénomène, on voit la transformation d'un orage ordinaire en trombe, on voit deux orages en présence, l'un supérieur immobile, l'autre inférieur se présentant par les nuages chargés de la même électricité ; le premier orage repoussant l'autre vers la terre, les nuages en tête de celui-ci s'abaissent, et communiquent au sol par les tourbillons de poussière et par les arbres. Cette communication une fois établie, le bruit du tonnerre cesse aussitôt, les décharges ont lieu par un conducteur formé des nuages, ainsi abaissés et des arbres de la plaine. Ces arbres, traversés par l'électricité, ont leur température tellement élevée, qu'en un instant toute la sève est réduite en vapeur et les arbres

6.

sont lacérés par sa tension. On a vu des flammes, des boules de feu, des étincelles accompagner ce météore ; une odeur de soufre est restée dans les maisons plusieurs jours, des rideaux ont été roussis, tout confirme donc que la trombe n'est qu'un conducteur nuageux, qu'elle sert de passage aux décharges continuelles des nuages supérieurs, que la différence entre un orage ordinaire, et l'orage accompagné de trombe est dans ce conducteur, servant à établir le combat entre l'extrémité de la trombe et la portion du sol situé au-dessous. A Chatenay ce conducteur a été formé sous l'influence de l'action répulsive d'un orage supérieur qui a fait baisser les nuages avancés de l'orage inférieur jusqu'à terre. » (1)

(1) D'après l'explication des trombes donnée par M. Peltier, cette description devrait trouver place dans le chapitre qui traite de l'électricité, mais nous la laisserons au chapitre de l'air, parce que l'opinion de M. Peltier n'est pas partagée par tous les physiciens.

DEUXIÈME PARTIE.

—

DE L'ACOUSTIQUE.

L'acoustique est l'étude du son.

Le son n'est qu'un mouvement de molécules ma-
térielles ; il se transmet beaucoup plus lentement
que la lumière. Il n'existe que dans un lieu à-la-
fois, et il résulte d'une agitation passagère de l'air,
l'air est indispensable à la formation et à la propagation du son, qui ne saurait exister dans le vide.

Quand un corps solide produit un son, il vibre,
c'est-à-dire que ses molécules s'agitent, poussent
celles qui les avoisinent, puis reviennent à leur
place.

L'ensemble des ondulations communiquées par
le son aux couches d'air, constitue ce que l'on
nomme une onde sonore.

Plus la vibration est longue, plus le son est fort ; le son devient plus aigu, à mesure que l'ondulation ce raccourcit. (1)

La construction des instrumens à vent est fondée sur la vibration de l'air, qui produit des sons variés suivant la manière dont il est comprimé ou mis en mouvement dans les instrumens de différentes natures ; il ne vibre pas de la même manière, quand il rencontre un corps mince, comme l'anche d'une clarinette, quand il se brise sur les bords resserrés du sifflet, quand il se presse dans l'orifice étroit de la trompette et qu'il en ébranle les parois. En général, on varie les sons du même instrument en augmentant, on en diminuant la quantité d'air mise en mouvement. Ainsi on changera les notes sur la flute, en fermant ou en ouvrant les trous qui sont à sa surface ; sur le cor, en enfonçant plus ou moins la main fermée dans le pavillon ; sur le trombone, en allongeant ou en raccourcissant le tuyau.

On peut sans altérer le caractère des sons, les rendre cependant beaucoup plus forts ; il suffit de comprimer latéralement les vibrations de l'air, elles acquièrent alors une grande étendue en longueur ; c'est ainsi que le porte-voix transmet les sons à une distance considérable, et que l'on peut se faire entendre assez loin, en parlant même à voix très basse dans un long tuyau.

---

(1) L'intensité du son décroit en raison inverse du carré de la distance au centre d'ébranlement.

FIGURE 13.

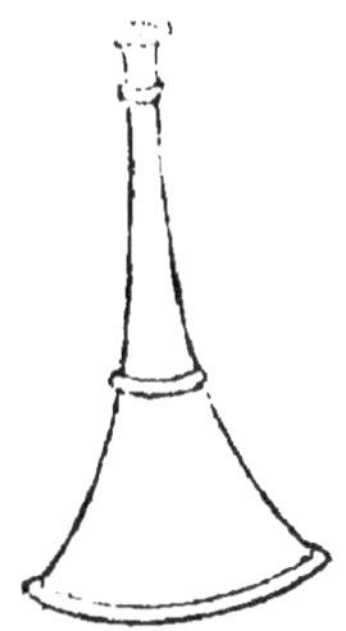

Porte-voix.

En 1822, une commission, choisie au sein de l'Académie des sciences, parvint à déterminer la vitesse du son. Elle reconnut que le son parcourt environ 337 mètres, ou mille pieds environ par seconde.

La transmission du son est beaucoup plus rapide dans les liquides et les solides que dans les gaz.

L'expérience, du reste, nous démontre à chaque instant que le son ne se propage pas avec une très grande vitesse. Quand on est placé à une certaine distance d'un chasseur, on voit la fumée du coup de fusil, bien avant d'entendre l'explosion. En s'approchant d'une planche sur laquelle on tire à balle, on voit le bois sauter en éclat avant d'avoir entendu aucun bruit. Si on fait attention aux coups que frappe un bûcheron dans le lointain, on verra la hache tomber en silence, et l'on n'entendra le son que lorsqu'elle sera déjà relevée. Quand on entend un coup de tonnerre, quelque violent qu'il soit, on peut être certain que l'on ne sera pas atteint de la foudre, qui est tombée avant que le bruit n'arrive à nos oreilles, et cette remarque doit rassurer bien des personnes effrayées du fracas des orages.

La connaissance exacte de la vitesse du son peut avoir dans plusieurs cas des applications fort utiles. Ainsi on peut savoir approximativement à quelle distance on se trouve d'une batterie de canons, en comptant autant de fois 337 mètres qu'il s'écoule de secondes entre l'instant où l'on voit la lumière de l'explosion et celui où l'on entend le bruit. On peut par le même procédé connaître combien on est éloigné d'un nuage orageux d'où partent des éclairs. Et, si l'on n'a pas de montre à secondes pour faire ces calculs, il suffira de consulter les battemens du pouls dont la durée dans les personnes bien portantes est à-peu-près d'une seconde.

Le son est susceptible de se réfléchir à la manière de la chaleur et de la lumière. (1)

C'est à cette particularité de la réflexion du son que l'on doit attribuer le phénomène de l'écho.

Ainsi, lorsqu'à l'air libre un son est produit, et que

---

(1) Comme on l'a observé pour la lumière, l'angle de réflexion est égal à l'angle d'incidence.

dans la direction des ondes sonores se trouve un obstacle, le son sera réfléchi, et il s'écoulera un certain intervalle entre le son direct et cet autre son réfléchi, analogue au premier, mais plus faible. S'il y a plusieurs obstacles, il se produira plusieurs échos : ce phénomène est fréquent dans les pays de montagnes et produit surtout dans les temps d'orages de magnifiques effets.

On cite plusieurs échos fort remarquables : celui du parc de Woodstock, en Angleterre, répète jusqu'à vingt syllabes ; à Verdun un écho répète le même son une douzaine de fois ; certains échos semblent rendre les sons avec un ris moqueur, ou un accent plaintif. Tous ces effets dépendent de la nature de l'objet qui réfléchit les vibrations de l'air.

LIVRE III.

De la lumière.

CHAPITRE Ier.

DE LA LUMIÈRE EN GÉNÉRAL.

De la lumière directe. — De la lumière réfléchie. — Des miroirs. — De la réfraction des couleurs.

On ignore l'origine et la cause de la lumière, ce phénomène si étonnant, si admirable, en même temps qu'il est pour nous l'un des plus grands bienfaits de la création.

Descartes et Newton ont cherché à en expliquer les phénomènes à l'aide de deux hypothèses différentes.

Pour Descartes, la lumière est un fluide dont l'espace est rempli; les molécules de ce fluide sont arrondies. Les corps lumineux sont ceux qui ont la propriété d'imprimer à ces molécules un mouvement, qui, se communiquant de proche en proche, parvient jusqu'à l'organe de la vue.

Newton considère la lumière comme une émanation réelle des corps lumineux.

Les corps sont lumineux par eux-mêmes quand ils produisent eux-mêmes la lumière qu'ils répandent : tels sont le soleil et les étoiles ; ils sont éclairés quand ils réfléchissent, comme la lune, une lumière étrangère.

On appelle corps transparens ceux qui se laissent traverser par la lumière, comme les vitres ; enfin, les corps opaques sont ceux qui interceptent la lumière : la pierre, le bois, sont des corps opaques.

L'optique est la science qui étudie les propriétés de la lumière.

L'optique proprement dite s'occupe des propriétés de la lumière directe.

L'expérience a démontré que, 1° dans un milieu homogène, la transmission de la lumière se fait en ligne droite ;

2° Un point lumineux répand la lumière en tous sens ;

3° Un point quelconque d'un objet éclairé est visible de tous les lieux où une ligne droite, qui partirait de ce point, pourrait aboutir sans rencontrer un corps opaque.

FIGURE 14.

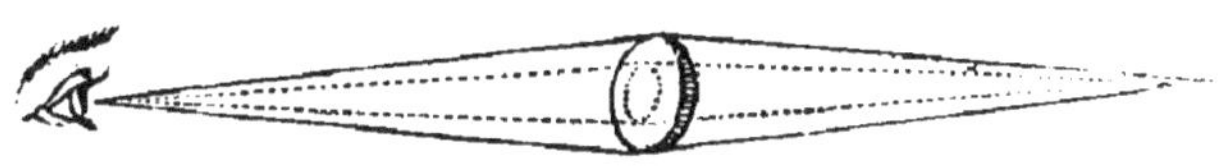

Les intensités d'une même lumière, à différentes distances, sont en raison inverse des carrés de ces distances.

La lumière se transmet avec une prodigieuse rapidité ; d'après des observations astronomiques, on est arrivé à constater qu'elle nous vient du soleil en huit minutes, c'est-à-dire avec une vitesse de 72,000 lieues par seconde.

La partie de l'optique générale qui s'occupe de la lumière réfléchie, a reçu le nom de catoptrique.

Lorsqu'un rayon lumineux rencontre un corps, il est réfléchi, c'est-à-dire qu'il est renvoyé dans l'espace avec une direction nouvelle. C'est dans ce phénomène que consiste la réflexion de la lumière.

On nomme rayon incident le rayon qui tombe sur le corps, rayon réfléchi celui qui est renvoyé ; l'angle que le premier rayon forme avec une perpendiculaire élevée du point où le rayon a rencontré le corps, se nomme angle d'incidence ; et l'on appelle angle de réflexion celui que le rayon réfléchi forme avec cette même perpendiculaire.

FIGURE 15.

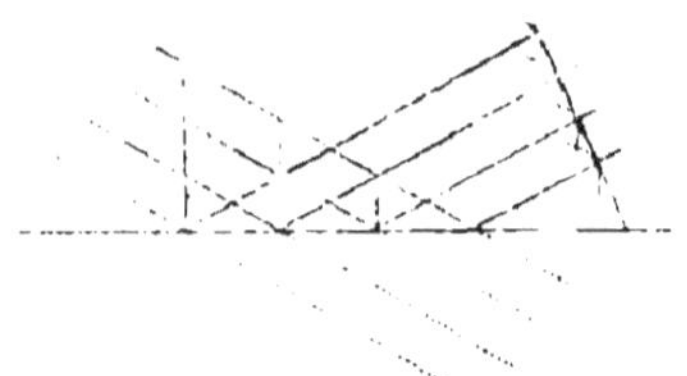

Le rayon incident et le rayon réfléchi sont situés dans un plan perpendiculaire à la surface réfléchissante, et l'angle d'incidence est égal à l'angle de réfraction.

Un miroir consiste en une surface polie jouissant de la propriété de réfléchir nettement les rayons lumineux.

Les miroirs sont de métal ou de glace. Ils sont plans, concaves ou convexes.

Dans un miroir plan, l'image de l'objet paraît aussi éloignée de la glace, par derrière le miroir, que l'objet lui-même en est éloigné par devant. De plus, la grandeur de l'image est toujours égale à celle de l'objet.

La position de l'image produite par le miroir concave est beaucoup plus difficile à connaître. Quand on présente un objet à un miroir concave sphérique, suivant que la distance du point éclairé au

FIGURE 16.

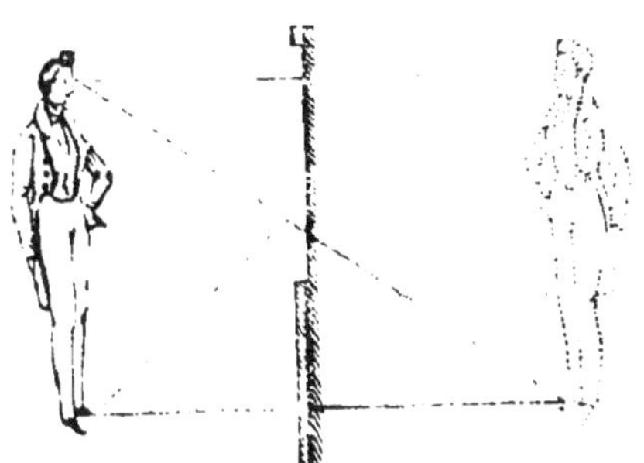

miroir est plus grande que la moitié du rayon de la
sphère dont le miroir fait partie, ou lui est égale,
ou est plus petite, les rayons que ce point envoie,
deviennent, en se réfléchissant, convergens, parallèles ou divergens. Il en résulte que l'image du point
éclairé qui se forme à l'endroit où les rayons se rencontrent, est devant le miroir dans le premier cas;
dans le deuxième, elle est à une distance infinie, ou,
plus exactement, elle n'existe nulle part, et dans le
troisième cas, cette image est située derrière le
miroir.

FIGURE 17.

D'après des expériences nombreuses, on est arrivé à conclure que si la distance de l'objet au miroir est moindre que la moitié du rayon de la sphère dont ce miroir fait partie, l'image sera située derrière le miroir à une distance toujours plus grande que celle à laquelle l'objet est placé par devant, mais toujours plus petite que la moitié du rayon de la sphère. Si la distance de l'objet au miroir est égale à la moitié du rayon sphérique, les rayons lumineux partis de chacun des points de cet objet, deviennent parallèles en se réfléchissant, et ces rayons ne produisent aucune image. Si l'objet est placé à une distance du miroir plus grande que la moitié du rayon sphérique, son image sera située devant le miroir, à une distance qui, toujours plus grande que la moitié du rayon, approchera d'autant plus de la moitié du rayon que l'objet sera plus éloigné du miroir. De plus, l'image sera placée entre l'objet et le miroir, ou coïncidera avec l'objet, ou sera placée devant, selon que la distance de l'objet au miroir sera plus grande, ou de même grandeur, ou plus petite que le rayon sphérique. Enfin l'image représentera l'objet dans une situation renversée.

Dans les miroirs convexes sphériques les rayons réfléchis sont plus divergens que n'étaient les rayons d'incidence, d'où résulte que les miroirs convexes font toujours voir l'image derrière la surface réfléchissante, à une distance de cette surface moindre que celle à laquelle l'objet est placé par devant; et

FIGURE 18.

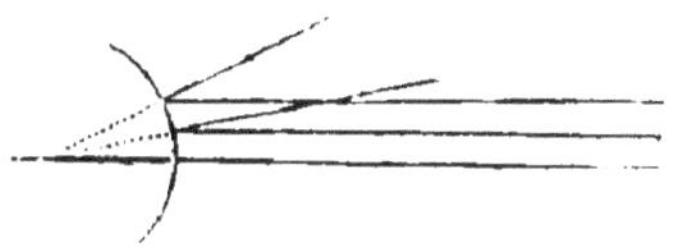

que l'image est toujours plus petite que l'objet. Il est aisé d'en faire l'expérience en se regardant sur la surface extérieure de la boîte d'une montre.

Un rayon lumineux en passant d'un milieu dans un autre, change de direction, et cette déviation constitue la réfraction. La dioptrique est la partie de l'optique générale qui s'occupe de la lumière réfractée.

Les principales lois de la réfraction sont celles-ci : 1° le rayon incident et le rayon réfracté sont situés dans le même plan perpendiculaire à la surface qui sépare les deux milieux;

2° L'angle d'incidence est plus grand que l'angle de réfraction, quand la lumière passe d'un milieu moins dense dans un milieu plus dense, et réciproquement, l'angle de réfraction est plus grand que l'angle d'incidence, quand la lumière passe d'un milieu plus dense dans un milieu moins dense. On peut vérifier ces lois de la réfraction par une foule d'expériences très faciles et très curieuses, quoiqu'on y fasse en général peu d'attention. Un bâton plongé obliquement dans l'eau paraît brisé, parce que les rayons qui émanent de la partie immergée changent de direction en passant de l'eau dans l'air. Si l'on met une pièce de monnaie dans un vase à parois opaques, de manière à ne pas l'apercevoir, tant que le vase ne contiendra que de l'air, on la verra apparaître tout-à-coup, si on emplit le vase d'eau, quoiqu'on n'ait pas changé la position de la pièce d'argent : il s'est fait seulement une déviation dans la direction du rayon lumineux.

FIGURE 19.

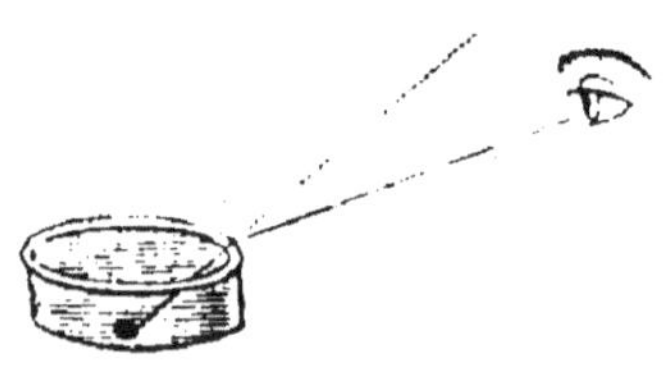

Nous étudierons plus tard d'autres effets de la réfraction fort importans dans la nature ; la réfraction produit une foule de phénomènes extrêmement remarquables, et fait varier très sensiblement le temps de l'apparition et de la disparition des astres.

Lorsqu'un rayon de lumière passe à travers un

prisme, il se trouve décomposé en plusieurs rayons qui se séparent, parce qu'ils n'ont pas la même force de réfraction, et il forme une image allongée qui a reçu le nom de spectre solaire.

Dans le spectre solaire on distingue sept couleurs principales unies par une série de nuances dont les différences nous échappent. Elles sont disposées dans l'ordre suivant, de haut en bas.

Violet, indigo, bleu, vert, jaune, orangé, rouge.

Newton qui, le premier, décomposa la lumière, a fait voir qu'un rayon lumineux était un composé

FIGURE 20.

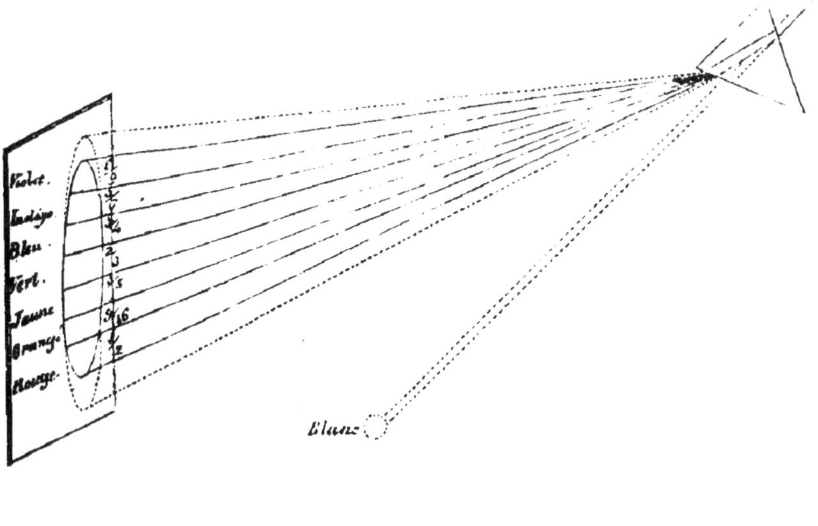

d'une infinité de rayons hétérogènes, inégalement réfrangibles ; ainsi le violet qui occupe le haut du spectre est le plus réfrangible, l'orangé est celui qui subit le moins l'influence de la réfraction.

Tous les corps reçoivent la même lumière du soleil, mais il en est qui la décomposent ; ils en absorbent une partie et réfléchissent l'autre, et nous offrent telle ou telle coloration selon qu'ils renvoient à nos yeux tel ou tel rayon simple. Certains corps absorbent la presque totalité de la lumière et nous paraissent noirs ; les corps blancs au contraire renvoient la lumière sans la décomposer.

On peut recomposer la lumière décomposée par le prisme, en recevant sur un miroir concave tous les rayons séparés. En se réfléchissant et se réunissant au foyer, ils y formeront un cercle blanc.

CHAPITRE II.

QUELQUES INSTRUMENS D'OPTIQUE.

Du télescope. — Du microscope.

Les télescopes sont des instrumens qui nous servent à distinguer les objets trop éloignés pour être nettement aperçus à la vue simple. Le but qu'on se propose dans leur construction, est, en général, de substituer à l'objet trop éloigné une image exacte et distincte, qui soit vue sous un angle très grand, et qui, par conséquent, soit placée très près de l'œil. Il est plusieurs espèces de télescopes qui tirent leur nom de leur inventeur : c'est ainsi qu'il existe le télescope de Galilée, celui de Képler ou télescope astronomique, le télescope Newtonien, le télescope Grégorien, etc.

Le microscope a un double but, celui de remplacer l'objet par une image très nette, malgré la proximité de cet objet, à l'égard de l'œil (1), et d'agrandir cette image le plus possible, pour y découvrir toutes les parties du corps qu'elle présente. Les bons microscopes, et surtout le microscope solaire, donnent un grossissement prodigieux.

Les télescopes, de même que les microscopes, se composent de plusieurs verres concaves ou convexes, dont l'un qui reçoit les rayons des objets extérieurs, se nomme verre objectif, l'autre devant lequel l'œil se place pour observer, se nomme oculaire. Quelque soit le nombre de verres qui entrent dans la composition de l'un ou l'autre de ces instrumens, il n'y a jamais plus d'un objectif, tous les autres sont des oculaires.

(1) Effet produit par la seule lentille de la loupe ou microscope simple.

DE LA VISION.

L'œil, cet admirable instrument d'optique que nous a donné le créateur, et sans lequel tous les autres seraient inutiles, est composé d'un certain nombre de membranes superposées les unes aux autres, et renfermant des liquides transparens qui se laissent traverser par la lumière. Ces membranes sont au nombre de trois, la sclérotique, la choroïde, la rétine. Les milieux transparens sont l'humeur aqueuse; le cristallin, l'humeur vitrée. La plus extérieure des membranes, la sclérotique, est celle qui détermine la forme de l'œil et lui donne sa solidité; elle forme les cinq sixièmes d'une sphère, et occupe toute la partie postérieure et latérale de l'œil, la partie antérieure est revêtue d'une membrane d'une autre nature appelée cornée transparente.

La sclérotique ou cornée opaque est d'un blanc nacré; elle est solide, fibreuse, et forme, pour ainsi dire, le squelette de l'œil.

La cornée transparente laisse passer les rayons lumineux, elle est convexe au dehors, concave au dedans de la sclérotique. La seconde membrane est la choroïde, enduite d'une substance noirâtre, elle tapisse toute la face interne de la cornée opaque ou sclérotique. La choroïde arrivée au point de réunion de la sclérotique vers la cornée transparente, se divise en deux lames, dont l'une se termine en formant un bourrelet blanchâtre appelé corps ciliaire, et l'autre forme une sorte de diaphragme (l'iris) percé d'un trou qui est la prunelle. L'iris sépare en partie la cavité de la cornée transparente de celle de la sclérotique. Enfin la troisième membrane, la rétine, est placée en dedans de la choroïde : elle est blanchâtre, de nature nerveuse et destinée à recevoir l'impression des rayons lumineux. Cette impression est transmise par le nerf optique au cerveau. C'est alors que nous éprouvons la sensation de la lumière. Nous avons dit que le rayon lumineux traversait plusieurs milieux transparens : telle est l'humeur aqueuse, ainsi nommée de sa ressemblance avec l'eau : ce liquide est renfermé dans l'espace contenu entre la cornée transparente et le cristallin.

On donne le nom de cristallin à une lentille semblable à du cristal, placée dans l'œil derrière la pupille et au-devant de l'humeur aqueuse.

L'humeur vitrée, située près de la rétine, est une substance fluide extrêmement limpide et que l'on a comparée à du verre fondu. Elle est renfermée dans la cavité formée par la membrane de la sclérotique, de la choroïde et de la rétine. Elle est beaucoup plus abondante que l'humeur vitrée.

Telle est en abrégé la composition de l'œil humain.

La cornée transparente et les divers milieux de l'œil sont de densités différentes, d'où l'on peut conclure que la vision d'un objet lumineux ou éclairé, s'opère par le moyen de plusieurs réfractions convergentes dans les humeurs de l'œil, réfractions à la suite desquelles l'image de l'objet se trouve peinte sur la rétine, et dans une situation renversée, parce que les rayons se sont tous croisés dans la pupille.

L'œil peut être comparé à une chambre obscure. L'ouverture de la pupille représente celle qui existe dans la chambre obscure, et l'effet produit sur la muraille qui reçoit les objets avec leurs couleurs naturelles, est analogue à celui qui a lieu sur la rétine, à part la position renversée de l'image. Mais comment voyons-nous les objets dans leur véritable position, tandis qu'ils se peignent renversés sur la rétine? C'est un de ces mystères de la nature qui semblent destinés à rappeler à l'homme combien est supérieure à son intelligence l'intelligence qui a créé l'univers.

On appelle *myopes*, ceux qui, à cause de l'excès du pouvoir réfractif des humeurs de l'œil, ne voient pas nettement les objets à la distance où ils sont aperçus par un œil bien constitué.

Les vues *presbytes* au contraire, viennent de la faiblesse du pouvoir réfractif des humeurs de l'œil, et la vue est confuse chez les presbytes par une raison contraire à celle qui explique la myopie

Les myopes pour rendre la netteté à leur vision, doivent regarder les objets au moyen de verres concaves, qui font diverger les rayons lumineux. Les presbytes, pour remédier à la faiblesse de leur vue, doivent se servir de verres convexes ou de convergence. Une personne a la vue saine, quand elle peut apercevoir nettement les objets à une distance de l'œil d'environ 22 centimètres.

CHAPITRE IV.

DU MIRAGE.

De l'arc-en-ciel.—Des halos.—Des parhélies ou faux-soleils.

Le phénomène du mirage consiste dans l'apparition d'images droites, obliques ou renversées, toujours plus ou moins altérées dans leurs contours, que représentent des objets éloignés, sans qu'il y ait de réflecteur visible pour les reproduire.

Dans certains pays où le sol pendant le jour acquiert une haute température, peu de temps après le lever du soleil, les couches d'air en contact avec le sol déjà échauffé par l'action de cet astre, se dilatent, deviennent plus légères et s'élèvent, tandis que des couches plus denses viennent les remplacer pour s'échauffer, s'élever à leur tour et ainsi de suite ; il en résulte dans l'atmosphère une suite de courans atmosphériques, un déplacement continuel de couches d'air d'inégale réfrangibilité, et les rayons lumineux qui les traversent éprouvent des réfractions différentes selon qu'elles traversent telles où telles couches. De là résulte un tremblement et des ondulations très sensibles à l'œil, et tous les objets éloignés ne donnent plus que des images incertaines qui semblent se briser et se recomposer à chaque instant. Dans nos climats, quelquefois pendant l'été, nous apercevons ce phénomène, ce n'est là que le commencement du mirage ; mais dans les pays plus méridionaux, ce phénomène s'observe avec toutes ses circonstances extraordinaires. Alors que le soleil a fortement échauffé le sol, que les couches d'air atmosphériques voisines du sol partagent cette température et éprouvent des dilatations très fortes, l'observateur qui regarde les objets éloignés n'en aperçoit plus que l'extrémité ; la base devient invisible, le sol a disparu complètement, mais ces mêmes objets se représentent au-dessous des objets réels, ils sont adossés par leurs bases et semblent réfléchis par l'eau d'un lac. Le ciel lui-même vient se peindre sur le sol et ajoute encore à l'illusion : le voyageur altéré s'avance avec ardeur vers ce prétendu lac, mais il voit le rivage s'éloigner toujours, et ne trouve qu'un sable brûlant dans ces lieux qu'il croyait couverts d'une vaste étendue d'eau. C'est dans les plaines immenses de l'Egypte, dans ces plaines où une chaleur insupportable ajoute encore aux tourmens d'une déception semblable, que le mirage apparaît dans toute sa beauté. Dans l'expédition d'Egypte , les soldats français accablés de fatigue et de soif crurent mille fois rencontrer des lacs limpides au milieu du désert. Vain espoir ! le désert ne leur présentait que les sables brûlans et arides , et l'apparence trompeuse fuyait sans cesse devant eux.

Ces images se renouvelaient à chaque pas, et chaque fois elles étaient si frappantes que nos soldats cherchaient en vain à se défendre de l'illusion.

Les savans qui accompagnaient l'expédition d'Egypte furent témoins de ce phénomène. Monge, l'un d'eux, l'expliqua le premier, et montra que le mirage était produit par la réfraction.

Pendant les pluies d'orage qui n'empêchent pas le soleil de briller sur l'horizon, tout le monde a remarqué, sans doute, les cercles brillans parés des diverses couleurs du spectre solaire, qui apparaissent dans le ciel et nous offrent un des plus beaux spectacles que la nature dans sa magnificence puisse présenter aux regards étonnés de l'homme : ce sont les arcs-en-ciel.

Newton a donné une explication complète du phénomène de l'arc-en-ciel, et il a prouvé qu'il était le résultat d'une modification particulière que la lumière solaire éprouve dans les gouttes d'eau.

En effet, les couleurs qu'on aperçoit, sont transmises à l'œil par des rayons qui viennent directement du soleil, après avoir été réfractés et décomposés dans les gouttes d'eau qu'ils ont rencontrées.

Pour voir un arc-en-ciel, il faut tourner le dos au soleil, regarder une nuée qui, en même temps qu'elle est fortement éclairée, se résout en pluie.

Les plus beaux arcs-en-ciel sont ceux que produit la pluie des nuages. L'étendue de l'arc coloré dépend de la hauteur du soleil au-dessus de l'horizon. Au coucher du soleil l'arc formera une demi-circonférence pour l'observateur placé dans la plaine, et le phénomène apparaîtra à l'orient ; à son lever, au contraire, il sera visible à l'occident. Plus le soleil est élevé sur l'horizon et moins sera grande l'étendue de l'arc-en-ciel.

Les petites pluies qui tombent des cascades et des jets d'eau donnent aussi lieu au même phénomène, mais l'arc est alors bien moins complet et bien moins net que lorsqu'il se dessine sur les nuages.

Les halos ou couronnes sont des cercles brillans, quelquefois colorés, qui, dans certaines circonstances, apparaissent autour du soleil et de la lune. L'aire du halo, c'est-à-dire l'espace compris entre le disque de l'astre et le cercle lumineux, est d'une couleur variable, selon l'état de l'atmosphère. Il est brun grisâtre, lorsque cette dernière est lumineuse et bleu foncé lorsqu'elle est pure.

Le halo du soleil est vif, brillant, coloré ; souvent l'intensité de ses couleurs est aussi vive que celle des couleurs de l'arc-en-ciel : le rouge limite brusquement l'aire du halo ; l'indigo et le violet, au contraire, s'éteignent graduellement dans la couleur du ciel. Un cercle lumineux et blanchâtre, sans couleurs tranchées, forme le halo de la lune. On a vu dans quelques circonstances un second cercle entourant le halo, mais ce second cercle est toujours pâle et sans éclat.

On a donné plusieurs explications de ce phéno-mène ; aujourd'hui l'on s'accorde à le regarder com-me un des effets de la réfraction, et dès à présent on peut conclure que la condition nécessaire, pour que le halo se produise, est la présence de parti-cules glacées dans les hautes régions de l'atmo-sphère.

On donne le nom de parhélies ou faux-soleils à des apparitions simultanées d'images fantastiques du soleil. C'est toujours sur l'horizon, à la hauteur du véritable soleil, que se montrent ces images; un cer-cle blanc les unit les unes aux autres. Quelquefois ce cercle est coloré, et les images, qui apparaissent sur sa surface et du même côté que le soleil, présentent les couleurs variées de l'arc-en-ciel. Celles, au con-traire, qui se forment sur le côté du cercle opposé au soleil, sont toujours incolores. Cette différence de coloration doit nécessairement faire présumer que les premières sont dues à un phénomène de réfrac-tion, tandis que c'est à la réflexion que doivent se rapporter les secondes.

Ce phénomène est rare, et quelquefois lorsqu'il a lieu, le soleil est entouré de plusieurs cercles plus ou moins colorés qui souvent présentent eux-mêmes, d'une manière nette et tranchée, toutes les couleurs qui brillent dans l'arc-en-ciel.

Quoique les physiciens aient reconnu que la réfraction est la cause des parhélies, ils ne savent à quoi attribuer cette réfraction.

CHAPITRE V.

DE L'AURORE ET DU CRÉPUSCULE.

De l'aurore boréale.

Sans la présence de l'atmosphère, le jour finirait
et commencerait aux momens précis où le rayon
visuel qui va en ligne droite du soleil à l'œil de l'observateur, est arrêté par la convexité de la terre. La
réfraction atmosphérique détermine une déviation
curviligne du rayon lumineux, et nous fait voir le
soleil au-dessus de l'horizon réel, quand il est véri-
tablement au-dessous.

FIGURE 21.

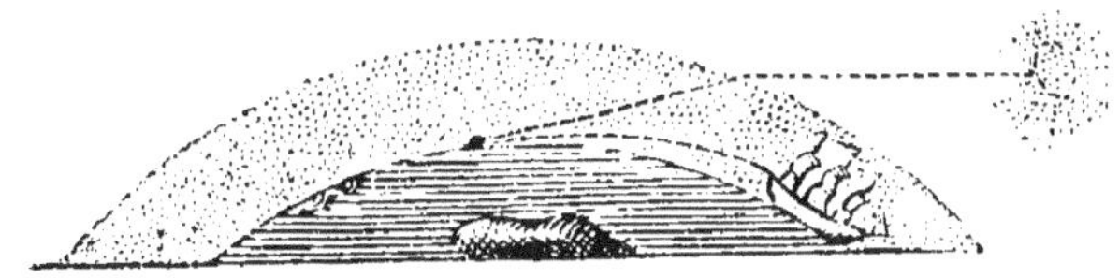

Cette apparence, également remarquable le matin et le soir, produit l'aurore et le crépuscule.

Ces phénomènes doivent à bien des titres exciter notre reconnaissance envers le créateur de toutes choses : la faible lueur qui blanchit l'horizon et précède le lever du soleil, ne prépare-t-elle pas nos yeux à supporter l'éclat de cet astre? puis à la fin du jour, les rayons qui ont pénétré obliquement dans l'atmosphère ne semblent-ils pas se courber vers la terre, et nous abandonner lentement, pour nous avertir que les ténèbres de la nuit vont remplacer la lumière.

Ce sont les habitans des régions voisines des pôles qui sont surtout à même d'apprécier l'utilité de ces phénomènes, qui raccourcissent leurs longues nuits et diminuent pour eux l'épaisseur des ténèbres (Voir l'*Astronomie*).

Vers les pôles, les crépuscules sont de plus longue durée que dans la zône torride. Dans ces dernières régions, le soleil monte et descend directement à l'horizon. Aussi c'est à peine si les crépuscules existent, et la nuit succède aussi rapidement au jour que le jour à la nuit. Sous les pôles, au contraire, les nuits sont long-temps lumineuses.

Dans les pays placés à égale distance des zônes glaciales et des régions tropicales, les crépuscules augmentent de durée avec les jours, et comme les jours les plus longs sont ceux de l'été, il en résulte que les crépuscules prolongeant encore la durée des jours, tout le temps nécessaire est donné à l'homme pour rentrer les moissons, recueillir les fruits, achever toutes les récoltes. Pendant la froide saison où les jours diminuent, les crépuscules diminuent de même; mais c'est un temps que la Providence a destiné au repos; tandis que la végétation s'arrête, la terre s'apprête à donner de nouvelles productions, et l'homme répare ses forces que les fatigues de l'été avaient abattues. Bientôt reparaissent de plus longs jours pour annoncer que la saison du travail est revenue.

Rarement dans nos climats nous avons occasion d'observer les aurores boréales. C'est dans les régions polaires que ce phénomène a lieu le plus fréquemment; là aussi elles étaient plus utiles: le créateur les a destinées à remplacer pour les peuples septentrionaux la lumière de l'astre du jour, dont ils sont si long-temps privés (Voir *l'Astronomie*).

Pour que l'aurore boréale se développe, certaines conditions sont nécessaires, la principale est la pureté et la sérénité du ciel.

« Si l'aurore boréale doit paraître, dit M. Pouillet, on commence, après la chute du jour, à distinguer une lueur confuse vers le nord; bientôt des jets de lumière s'élèvent au-dessus de l'horizon; larges, diffus et irréguliers; on remarque, en général, qu'ils tendent vers le zénith. Après ces apparences déjà très variées, qui sont comme le prélude du phénomène, on voit à de grandes distances deux vastes colonnes de feu, l'une à l'occident, et l'autre à l'orient, qui montent lentement au-dessus de l'horizon, et parviennent à une grande hauteur; pendant qu'elles s'élèvent avec des vitesses inégales et variables, elles changent sans cesse de couleur et d'aspect; des traits de feu plus vifs ou plus sombres en sillonnent la longueur ou les enveloppent tortueusement; leur éclat passe du jaune au vert foncé ou au pourpre étincelant. Enfin les sommets de ces deux colonnes éblouissantes s'inclinent, se penchent l'un vers l'autre et se réunissent pour former un arc ou plutôt une voûte de feu d'une immense étendue. Quand l'arc est formé, il se soutient majestueusement dans le ciel pendant des heures entières. L'espace qu'il renferme est, en général, assez sombre, mais d'instans en instans il est traversé par des lueurs diffuses et diversement colorées. Au contraire dans l'arc lui-même, on voit incessamment des traits de feu d'un vif éclat qui s'élancent au-dehors, sillonnent le ciel verticalement comme des fusées étincelantes, passent au-delà du zénith et vont se concentrer dans un petit espace à-peu-près circulaire, que l'on nomme la couronne de l'aurore boréale. Dès que la couronne est formée, le phénomène est complet, l'aurore a déployé dans le ciel tous les plis de sa robe de feu, on peut la contempler dans toute sa majesté. Après quelques heures ou d'autres fois après quelques instans, la lumière s'affaiblit peu-à-peu, les fusées ou les jets deviennent moins vifs et moins fréquens, la couronne s'efface, l'arc devient languissant, et enfin l'on n'aperçoit plus que des lueurs incertaines qui se déplacent lentement et qui s'éteignent. Telle est, au rapport des voyageurs, l'apparence de l'aurore boréale, quand elle se montre dans sa plus grande magnificence; mais soit que l'état du ciel, ou les circonstances atmosphériques, ne soient pas toujours favorables, soit que les conditions elles-mêmes qui déterminent le phénomène ne soient pas toujours satisfaites en même temps, il arrive très rarement que l'on puisse observer une aurore boréale complète, même dans les régions septentrionales. Tantôt la couronne ne se forme que d'une manière vague et incertaine, tantôt l'arc est incomplet, ou multiple dans quelques points, tantôt enfin l'on aperçoit des nuages qui interceptent la lumière, qui se colorent sur leurs bords ou dans leur épaisseur et qui altèrent par mille accidens plus ou moins remarquables la forme régulière de l'aurore boréale. Alors on distingue encore, vers le nord, une lumière extraordinaire, mais le phénomène est confus et mal défini. Quelle est la cause de ces apparitions si belles, si étonnantes des aurores boréales? la science ne possède à cet égard que des aperçus bien vagues, on sait à peine si les aurores boréales sont des phénomènes atmosphériques.

LIVRE IV.

De l'électricité.

CHAPITRE I.

DE L'ÉLECTRICITÉ EN GÉNÉRAL.

L'électricité est un des agens les plus énergiques de la nature et la cause d'une foule de phénomènes extrêmement remarquables.

On reconnaît qu'un corps a contracté les propriétés électriques, lorsqu'il attire, retient un instant et repousse ensuite les substances légères, telles que les parcelles de papier. En même temps ce corps fait éprouver à la main près de laquelle on l'approche une sensation particulière que l'on peut comparer à celle que ferait éprouver un vent frais. Le corps fortement électrisé peut lancer des étincelles, des aigrettes enflammées, et donner des commotions. L'électricité est développée par la communication avec des corps déjà électrisés, le contact, la chaleur, surtout le frottement. Il est facile d'en faire l'expérience en frottant un bâton de cire à cacheter avec une pièce de laine par exemple; au bout de quelques instans la cire attirera avec la plus grande facilité tous les petits corps légers qu'on approchera d'elle. Les corps sont appelés bons ou mauvais conducteurs, suivant qu'ils transmettent plus ou moins facilement l'électricité. Les métaux, la terre humide, l'eau, etc., sont de bons conducteurs, le verre, les gommes, le bois sec, la résine, la soie, etc. sont de mauvais conducteurs. L'électricité est considérée comme un fluide impondérable, répandu à la surface du corps électrique et maintenu sur cette surface par l'air atmosphérique, mais l'air n'est mauvais conducteur que lorsqu'il est sec; au contraire, dès qu'il est humide, il conduit très facilement l'électricité : aussi, dans les temps chauds et secs, on pourra développer plus d'électricité et observer plus long-temps les phénomènes que dans les temps humides.

On isole un corps en l'entourant de tous côtés de corps mauvais conducteurs, et un corps ne peut acquérir les propriétés électriques, qu'autant qu'il est isolé de toutes parts, sans quoi l'électricité, à mesure qu'elle serait développée, s'écoulerait dans le sol qu'on appelle le réservoir commun.

La facilité avec laquelle un corps reçoit et conserve l'électricité, dépend non-seulement de son isolement, mais encore de sa substance et de sa forme. Les corps, terminés en pointe, laissent écouler promptement leur électricité.

Nous avons dit que les corps électrisés attirent à eux les corps légers, pour les repousser ensuite. C'est sur ces phénomènes d'attraction et de répulsion que repose l'hypothèse des deux agens électriques. On a nommé électricité vitrée ou positive celle qui détermine les mêmes phénomènes que l'électricité excitée par le frottement du verre avec de la laine, et électricité résineuse ou négative celle dont les effets sont semblables aux effets de l'électricité que l'on produit en frottant de la résine avec la même étoffe.

Deux corps se repoussent quand ils sont chargés d'électricités semblables, ils s'attirent quand leurs fluides électriques sont différens; et une observation constante a prouvé que deux corps frottés ensemble, acquéraient toujours l'un une électricité positive, l'autre une électricité négative. (1)

Plusieurs systèmes ont été imaginés pour expliquer les phénomènes électriques, celui de Coulomb

---

(1) Coulomb a démontré que les intensités de la force avec laquelle les corps électrisés s'attirent ou se repoussent sont en raison inverse du carré des distances.

est le plus généralement adopté. Ce physicien suppose que tout corps à l'état naturel, c'est-à-dire, qui ne présente aucun phénomène électrique, contient cependant de l'électricité. Selon lui, cette électricité résulte de la combinaison de deux fluides électriques, qui se neutralisent quand ils se trouvent dans une proportion convenable ; ces deux fluides élémentaires sont le fluide vitré et le fluide résineux ; le fluide électrique tend toujours vers l'équilibre ; les molécules des fluides du même nom se repoussent, et celles des fluides de noms différens s'attirent d'autant moins que la distance qui les sépare est plus grande. Lorsqu'un corps s'électrise il se produit toujours un de ces deux effets ; ou une quantité de fluide électrique lui est communiquée, ou l'électricité naturelle du corps se décompose. Le premier mode constitue l'électrisation par communication, le second mode l'électrisation par influence.

Ce système suffit pour expliquer tous les phénomènes électriques actuellement connus.

On a construit plusieurs instrumens pour étudier l'électricité et observer toutes les manières dont elle se manifeste. Ces instrumens sont : la machine électrique, les électroscopes ou électromètres, la bouteille de Leyde, le condensateur et l'électrophore.

La machine électrique, réduite à son plus grand état de simplicité, consiste dans un large plateau de verre que l'on fait tourner entre des coussins suppor-

e tés par des corps isolans, et dans un corps appelé
conducteur.

FIGURE 22.

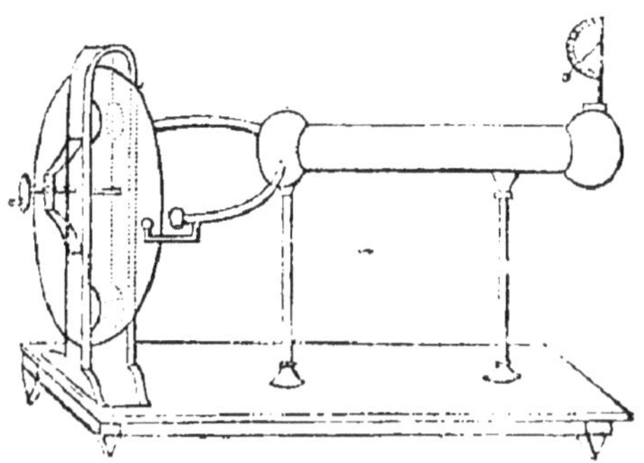

Machine électrique.

Lorsque l'on fait tourner le plateau de verre, l'é-
lectricité se développe par le frottement qui résulte
du passage de ce plateau entre les coussins, et selon
que le conducteur fait communiquer le verre ou les
coussins avec le sol, on obtient de l'électricité résineuse ou de l'électricité vitrée.

D'après ce que nous avons dit sur l'attraction et la
répulsion électriques, supposons que l'on mette un
plateau métallique en communication avec la machine et un autre en contact avec le sol ; si nous met-
tons entre eux un corps léger, dès que la machine
sera en action, ce corps sera attiré vers le premier

plateau chargé d'électricité, mais à peine l'aura-t-il touché, qu'ayant acquis une électricité de même nature, il en sera repoussé jusqu'à ce qu'il rencontre l'autre plateau qui lui enlevera cette électricité nouvelle, mais alors le premier plateau le rappellera à lui pour le repousser aussitôt, et ainsi de suite, tant que la machine électrique sera en action.

L'observation de ce phénomène a fait imaginer un petit appareil électrique fort curieux. On remplace le plateau par des cloches de métal sonore. Le corps intermédiaire est une petite balle de fer suspendue à un cordon de soie; quand la machine agit, la petite balle va frapper alternativement les deux timbres comme le marteau d'une cloche.

C'est le carillon électrique.

FIGURE 23.

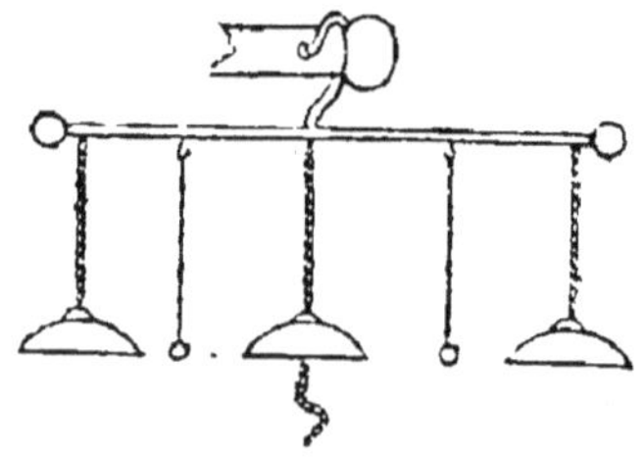

Carillon électrique.

Les électroscopes ou électromètres servent à indiquer si un corps est électrique et à mesurer l'énergie de son électricité. Le plus simple consiste en un fil aux extrémités duquel sont attachées deux petites balles de liège ou de moelle de sureau qui s'écartent en présence d'un corps électrisé.

FIGURE 24.

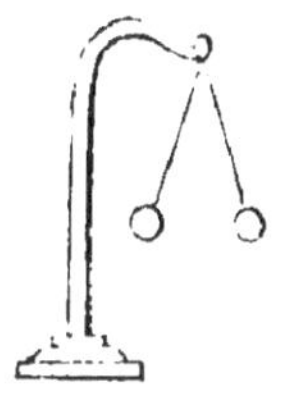

Electroscope.

L'électromètre de Coulomb est celui avec lequel on mesure le plus exactement la force électrique.

La bouteille de Leyde, ainsi nommée de la ville de Leyde où elle a été découverte, consiste en un vase de verre qui a deux garnitures métalliques sans communication entre elles. La bouteille de Leyde se charge en tenant dans la main l'une des deux garnitures métalliques et en mettant l'autre en contact avec le conducteur de la machine électrique.

L'instrument ainsi chargé donne lieu à plusieurs phénomènes remarquables, surtout lorsqu'on réunit ensemble plusieurs bouteilles de Leyde pour former une batterie électrique; celui qui met en communication les deux armures en les touchant à-la-fois reçoit une commotion violente ; cette commotion est parfois assez forte pour tuer de gros animaux.

Le courant électrique qui résulte de cette décharge, perce, brise, réduit en poussière les corps à travers lesquels on le dirige ; il peut faire passer les molécules d'un solide à travers un autre corps solide ; ainsi, des expériences plusieurs fois répétées ont prouvé que l'électricité dégagée par une forte batterie pouvait entraîner de la poudre d'or à travers une lame d'argent.

FIGURES 25 ET 26.

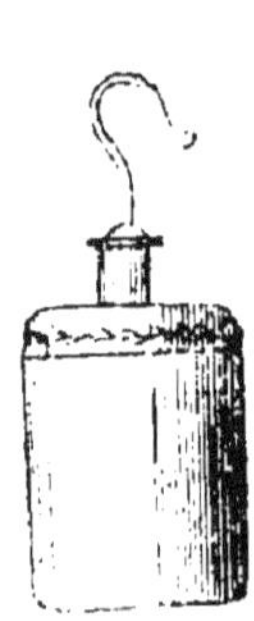
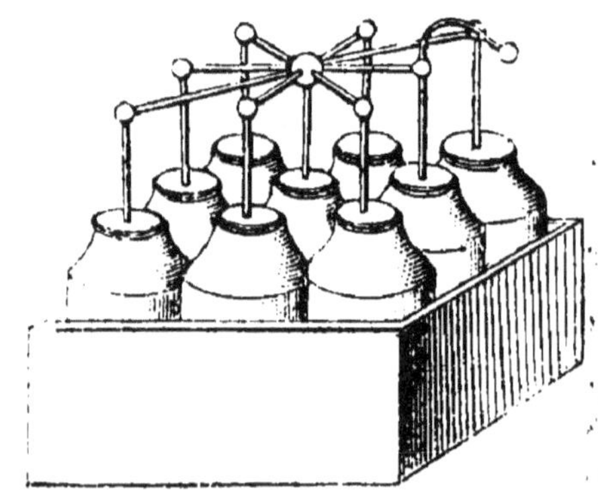

Bouteille de Leyde et batterie électrique

L'électricité ainsi développée se propage avec une extrême rapidité ; car, lorsque plusieurs personnes se tiennent par la main et que la première communique avec la garniture extérieure de la bouteille de Leyde et la dernière avec la garniture intérieure, toutes ces personnes, quel que soit leur nombre, ressentent au même instant la commotion électrique.

Le condensateur est formé par deux conducteurs, l'un isolé, l'autre communiquant avec le sol et séparés l'un de l'autre par une lame mince dont la matière est très isolante.

L'électrophore se compose d'un plateau de résine, et d'un plateau métallique isolé sur une tige non conductrice.

FIGURE 27.

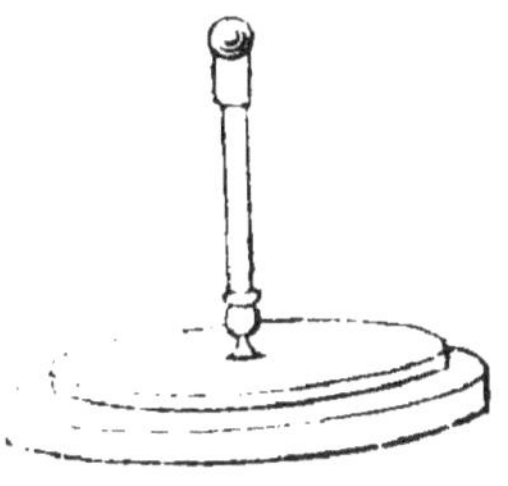

Electrophore.

Cet instrument, ainsi que le précédent, a la plus grande analogie avec la bouteille de Leyde.

Le but du condensateur est de manifester la présence de la plus petite quantité d'électricité en l'accumulant sur un petit espace.

Celui de l'électrophore est de conserver long-temps une grande quantité d'électricité retenue par l'attraction réciproque de deux fluides de différente nature.

CHAPITRE II

DU GALVANISME.

Jusqu'ici, nous ne nous sommes occupés que des phénomènes de l'électricité développée par le frottement; il est d'autres effets produits par le seul contact de matières différentes , qui furent étudiés par Galvani pour la première fois en 1789. Il vit que des grenouilles récemment écorchées entraient en convulsion, lorsque leurs muscles étaient mis en communication avec les nerfs par des corps conducteurs de l'électricité , et il remarqua que les convulsions avaient une grande violence quand la communication était établie au moyen d'un conducteur formé de deux métaux mis en contact. Ces phénomènes attribués par Galvani à une électricité animale, furent appelés de son nom, phénomènes galvaniques.

Volta s'assura que les convulsions devenaient plus vives lorsque la communication des nerfs avec les muscles était établie à l'aide de deux métaux différens , et il en conclut que le galvanisme était dû à l'électricité développée par le contact des métaux de différente nature, il découvrit même que le simple contact de deux substances hétérogènes donnait lieu à un développement d'électricité. C'est d'après ces observations qu'il construisit cet appareil si connu sous le nom de pile voltaïque. Après avoir reconnu que la meilleure combinaison était celle du zinc et du cuivre, Volta donna d'abord à sa pile la forme d'une colonne composée de disques de cuivre et de zinc, réunis par couples, entre chacun desquels il plaçait une rondelle de drap humide. Cette disposition incommode fut bientôt abandonnée, et l'appareil fut composé de plaques de cuivre et de zinc soudées, et plongeant dans une auge pleine d'eau acidulée ; en multipliant le nombre de ces plaques, on parvient à développer une grande quantité d'électricité et à produire les effets chimiques les plus remarquables.

FIGURES 28 ET 29.

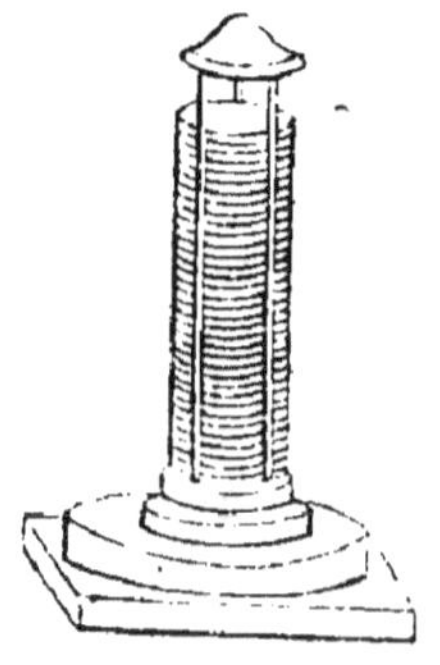 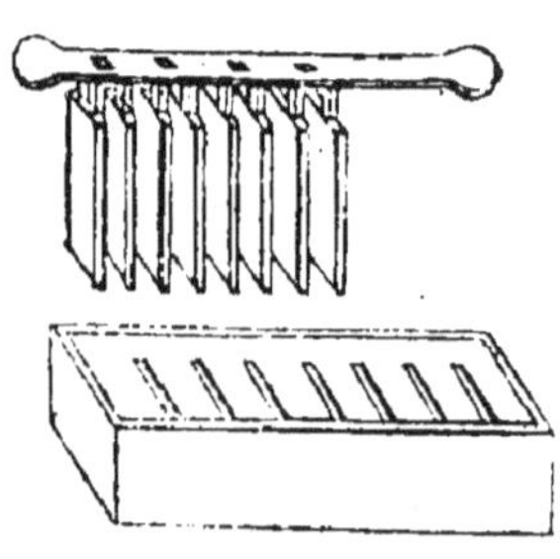

Piles de Volta.

Avec des piles voltaïques d'une énergie suffisante, on décompose rapidement l'eau, les acides, les oxides, plusieurs sels considérés autrefois comme des corps simples. Sur l'organisation animale la pile voltaïque a produit les effets les plus étranges. On connaît les expériences d'Aldini sur des hommes et des animaux morts qui semblaient reprendre la vie sous l'influence de l'électricité. « Les mouvemens musculaires les plus violens, les convulsions les plus effrayantes, les yeux ouverts et menaçans, le rire et la fureur contrastant sur la même face, la respiration même rétablie, tout présentait dans un cadavre un exercice hideux des fonctions de la vie. »

CHAPITRE III

DU MAGNÉTISME.

De l'aimant et de ses principales qualités.

Le magnétisme est le nom donné à la cause inconnue des phénomènes produits par l'aimant.

L'aimant naturel ou pierre d'aimant, est un minéral qu'on trouve dans les mines de fer, et qui a la propriété d'attirer ce métal. Dans tout aimant il y a deux pôles, ce sont les points où la force d'attraction est à son maximum. La force de l'aimant est d'autant plus grande que ses pôles sont plus éloignés. L'attraction que l'aimant exerce sur plusieurs métaux a lieu jusqu'à une certaine distance, quelles que soient les substances qui les séparent.

Deux aimans s'attirent par un de leurs pôles et se repoussent par l'autre.

L'aimant communique par le contact ses propriétés au fer, à l'acier et à quelques autres métaux. L'aimantation n'augmente pas le volume du corps aimanté, et ne diminue en rien la puissance de celui qui aimante.

Une aiguille aimantée qui est librement suspendue, et qui est très mobile, oscille et s'arrête enfin lorsqu'elle est dirigée vers le nord. Cette position d'équilibre est ce qu'on nomme la direction de l'aiguille.

Cette direction de l'aiguille aimantée découverte dans le douzième siècle, a donnée l'idée de la boussole.

Cet appareil fournit au navigateur le moyen de connaître la route qu'il suit, puisqu'il indique l'angle que fait cette route avec une ligne qui passe par le pôle. La boussole est un guide donné par la Providence au voyageur errant sur l'étendue des mers ; elle le conduit lors même que les nuages lui cachent l'aspect des étoiles, et il n'y a que certains phéno-mènes assez rares qui changent d'une manière notable la direction de l'aiguille aimantée.

CHAPITRE IV

DE LA FOUDRE.

La foudre est une forte décharge électrique dans l'atmosphère; les éclairs sont les immenses étincelles qui l'accompagnent. Cette analogie d'un des plus terribles, des plus grandioses phénomènes de la nature avec les effets que nos faibles machines produisent à notre gré, est parfaitement démontrée par des expériences décisives. On a fait monter vers des nuages orageux un cerf-volant couvert de taffetas, portant à sa partie supérieure une pointe de fer; un fil métallique entrelacé avec la corde descendait jusqu'à un long cordon de soie que tenait l'observateur pour se préserver, ou bien il faisait aboutir la corde à un cylindre de cristal enfoncé en terre. Cet appareil, en attirant l'électricité des nuages, donne d'énormes étincelles, de véritables éclairs avec une détonnation égale à celle des armes à feu. Franklin, le premier, a tenté l'expérience, et sa hardiesse a obtenu un plein succès, mais plusieurs physiciens ont été foudroyés en voulant imiter ce dangereux exemple.

M. Arago distingue trois espèces différentes d'éclairs.

Dans une première classe il range celles qui ne se montrent que sous la forme d'un sillon très resserré, très étroit et parfaitement net sur les bords ; la seconde classe comprend les éclairs d'une grande largeur, qui sont moins nets et moins éclatans que les premiers, mais rapides, instantanés comme eux ; enfin dans la troisième classe se trouvent ceux qui sont visibles pendant un certain temps, quelquefois pendant un quart de minute. Les espaces qu'ils embrassent sont assez circonscrits et ils apparaissent sous l'aspect de globes de feu.

Les éclairs varient pour la couleur comme pour la forme ; quelquefois d'un blanc vif ou d'un rouge violet, ils présentent ordinairement des teintes intermédiaires.

Malgré leur extrême vitesse, ils ne se propagent pas toujours en ligne droite ; ceux de la première classe, surtout, descendent souvent en zigzag ; quelquefois ils s'étendent au loin et éclairent une plaine entière ; il semble qu'alors le ciel s'entr'ouvre pour laisser paraître une mer de feu. On a vu les éclairs tomber à terre, puis rebondir et porter le ravage loin du lieu qu'ils avaient frappé d'abord, ou, en tombant, l'éclair se diviser en plusieurs globes qui roulent isolément : tels sont les caractères des éclairs de la première classe.

Presque toujours c'est de la partie inférieure des nuages que se détachent les éclairs ; cependant le contraire peut avoir lieu. Ainsi, dans une église située sur le haut d'une montagne fort élevée de la Styrie, un orage se forma vers la moitié de la hauteur de la montagne, les nuages orageux passaient au-dessous de l'église, tandis qu'au-dessus le ciel était calme et serein. Cependant la foudre, partie des nuages inférieurs, remonta vers le sommet de la montagne, pénétra dans l'église, et vint y tuer plusieurs personnes.

Souvent dans les chaleurs de l'été, par un ciel parfaitement pur, l'on voit beaucoup d'éclairs sans entendre le bruit du tonnerre : on les attribue généralement à la réfraction atmosphérique.

On suppose qu'alors il tonne dans une partie lointaine de l'atmosphère ; nos yeux n'aperçoivent pas les véritables éclairs qui s'y produisent, mais la lumière en est réfractée dans les parties de l'air plus voisines de nous, et nous envoient une lueur que n'accompagne plus aucun son.

On prétend qu'il peut arriver, au contraire, que le tonnerre se fasse entendre sans qu'aucun éclair se joigne à ses explosions, si toutefois, les observations qui tendraient à constater ce phénomène sont exactes : on peut du moins affirmer qu'il est fort rare. La lumière et le bruit sont deux effets constamment produits par la foudre, comme ils le sont aussi, quoique à un degré bien plus faible, par toutes nos expériences électriques.

Tout le monde a remarqué qu'après un éclair, il s'écoule un intervalle plus ou moins long, pendant lequel aucun bruit ne se fait entendre, puis tout-à-coup un son éclate, tantôt fort et sec, tantôt prolongé et sonore; c'est le tonnerre proprement dit.

Le plus généralement, le bruit du tonnerre est très lent et très grave, quelquefois il est plus violent que celui de la détonnation simultanée de cent pièces de canon. Souvent l'explosion semble un roulement dont la durée et les variations nous étonnent.

Il est facile de se rendre compte de ces différens effets, et surtout de la cause du temps quelquefois assez long qui s'écoule entre l'apparition de l'éclair et le moment où la détonnation se fait entendre. Nous savons que l'on a calculé la vitesse de la lumière, et que le rayon lumineux parcourt quatre-vingt mille lieues par seconde, ou dix lieues pendant la huit millième partie d'une seconde; or les nuages les plus élevés d'où parte la foudre, n'atteignent jamais cette hauteur. Nous voyons l'éclair au moment même où il se produit; car il est inutile de tenir compte de la fraction infiniment petite de seconde, pendant laquelle il nous arrive. Nous savons aussi que le son, bien loin d'avoir la même vitesse, ne parcourt que 337 mètres par seconde; il y a donc une très grande différence entre les deux instans où le son et la lumière, partis du même endroit éloigné, peuvent nous parvenir.

La plus grande hauteur à laquelle les nuages

orageux puissent s'élever, est de 24,264 mètres ou environ 6 lieues, et si de ces nuages part un éclair, on l'aperçoit aussitôt, tandis que le bruit qui en résulte , c'est-à-dire le tonnerre, ne nous arrive qu'après 72 secondes, ou plus d'une minute.

Les roulemens du tonnerre ont pendant long-temps été attribués aux échos. Dans les temps modernes on a rejeté cette explication. Un Anglais, le docteur Robert Hoocke les rattache aux phénomènes ordinaires et constans de la foudre. Suivant cet auteur, les roulemens du tonnerre suivent seulement les éclairs composés ou multiples, et non pas les éclairs simples, qui toujours, sont accompagnés d'un bruit court et instantané.

Si les éclairs de la première espèce annoncent au contraire une explosion prolongée, c'est que les différentes parties des longues lignes que ces éclairs décrivent se trouvent en général à de grandes distances d'où les sons ne peuvent venir frapper nos oreilles qu'à intervalles inégaux. M. Robinson dans l'Encyclopédie britannique, confirme ainsi cette opinion. « J'aperçus, dit-il, un éclair parallèle à l'ho-
« rizon qui pouvait avoir un peu plus d'une lieue
« de longueur, puis j'entendis un bruit très violent,
« et ensuite un roulement irrégulier qui dura envi-
« ron 15 secondes. J'imagine que les détonnations
« se firent simultanément dans la vaste étendue de
« l'éclair, mais qu'elles ne furent pas partout de la
« même force; les différentes portions des ondula-
« tions sonores arrivaient à mon oreille les unes

« après les autres, ce qui produisit l'effet d'un son
« prolongé. Telles seraient aussi les apparences pour
« une personne placée à l'extrémité d'une longue
« file de soldats, qui tireraient tous leurs fusils au
« même instant ; elle entendrait certainement un
« roulement irrégulier si les fusils n'étaient pas éga-
« lement chargés dans toutes les parties de la file. »

L'on ne sait pas encore positivement quelle est la
cause physique du bruit de la foudre ou du tonnerre.
Descartes pensait que ce bruit était dû au choc des
nuages supérieurs qui se précipitaient vers les nuages inférieurs; de ce choc, suivant lui, résultait le
tonnerre, mais à cette explication on peut objecter
que le tonnerre se fait entendre quelquefois alors
qu'il n'y a point dans l'atmosphère de nuages super-
posés. D'anciens philosophes avant Descartes avaient
donné une explication semblable du bruit de la foudre. Les physiciens modernes y ont substitué une
autre théorie; ils prétendent qu'un vide s'opère sur
le passage de la foudre, et que c'est en se précipi-
tant pour combler ce vide, que les couches de l'air
se choquent de manière à produire des détonnations
violentes. Malheureusement il reste encore à prouver que la foudre ait pour effet de laisser un vide
pareil dans l'atmosphère.

CHAPITRE V.

Un grand nombre d'observations prouvent que la foudre, alors qu'elle éclate, est souvent accompagnée de nuages d'une odeur sulfureuse : ce phénomène a été constaté sur terre et sur mer. Ainsi le vaisseau *le New-York*, frappé deux fois de la foudre au milieu des mers, fut couvert d'une épaisse fumée sulfureuse. De même, à la suite d'un coup de tonnerre, dans le département des Basses-Alpes, l'église de Châteauneuf-les-Moustier fut remplie d'une sombre vapeur, qui répandait une forte odeur de soufre.

La foudre produit sur les corps qu'elle frappe des effets souvent très extraordinaires. Ainsi elle met instantanément en fusion des lames minces ou des fils de métal, ou les raccourcit lorsque son action n'est pas assez forte pour les liquéfier. Quelquefois elle fond et vitrifie subitement certaines substances pierreuses. C'est à cette propriété vitrifiante de la foudre qu'il faut attribuer la formation des tubes appelés *fulgurites*. ·

Les fulgurites ont des parois en général de peu d'épaisseur, ces parois sont lisses, unies, vitrifiées à l'intérieur, inégales et rugueuses à l'extérieur. Le plus ordinairement ils s'enfoncent dans le sable selon une ligne verticale. Ils ont quelquefois une profondeur de 10 mètres ; mais il est fort rare de trouver entières ces étranges productions; les tubes sont ordinairement divisés en plusieurs morceaux par des fissures transversales.

Long-temps on a cherché en vain l'origine des fulgurites. On a supposé qu'ils devaient leur origine à des incrustations formées autour de racines qui auraient ensuite disparu. On les a assimilés aux stalactites. On les a regardés comme des cellules ou loges appartenant à d'anciens animaux marins. Il est cependant bien constaté aujourd'hui que les fulgurites sont dus à l'action de la foudre qui, pénétrant dans le sol, creuse un tuyau par l'intensité de la chaleur qui fond toutes les parties pierreuses sur le passage du fluide électrique.

Quoique l'on soit tenté de croire au premier abord que la foudre doit mettre en pièce, et détruire tout ce qu'elle rencontre, beaucoup d'exemples prouvent que quelquefois elle altère à peine des corps extrêmement fragiles. En 1778, elle tomba à Alexandrie sur une maison dont les vitres furent percées de plusieurs trous sans qu'une seule fût brisée. Etrange phénomène, quand on songe aux effets épouvantables que produit la plupart du temps le tonnerre ! Il arrive beaucoup plus fréquemment que la foudre transporte au loin des masses d'un poids énorme. Pendant la nuit du 21 au 23 juin 1723, elle tomba dans la forêt de Nemours, sur un chêne, le brisa en deux, chacune des parties fut transportée à plusieurs mètres du point où s'élevait l'arbre foudroyé.

Un mur très solide, construit en briques, a été arraché de ses fondemens et transporté sans être renversé à quelque distance du lieu où il avait été construit.

On remarque généralement que les débris des corps brisés par la foudre sont ordinairement lancés dans toutes les directions. On explique ce fait en admettant que la chaleur excessive de la foudre détermine la formation d'une grande quantité de vapeurs au sein de la masse atteinte par le fluide électrique. Cette vapeur tendant à se développer brise tout ce qui lui fait obstacle, comme on sait qu'elle peut mettre en pièces les chaudières où elle se forme sans avoir d'issue. Une des raisons qui doivent déterminer à recevoir cette explication, est que les arbres foudroyés n'offrent jamais aucune trace de combustion, mais au contraire sont toujours fendus, dépouillés de leur écorce, ou desséchés.

Nous emprunterons à M. Arago l'histoire de la découverte d'un des effets les plus remarquables de la foudre : c'est l'altération complète du magnétisme de la boussole et l'aimantation plus ou moins forte de barres métalliques, qui auparavant, n'en présentaient aucune apparence.

« Vers l'année 1675 deux bâtimens anglais marchaient de conserve dans un voyage de Londres à la Barbade. A la hauteur des Bermudes, la foudre brisa le mât d'un d'entre eux, et en déchira les voiles ; l'autre ne reçut aucun dommage. Le capitaine de ce second bâtiment ayant remarqué que le premier virait de bord et paraissait vouloir retourner en Angleterre, demanda la cause de cette détermination subite et n'apprit pas sans étonnement que son compagnon croyait suivre encore la première route. Un examen attentif des boussoles du bâtiment foudroyé, montra alors que les fleurs-de-lis des roses des vents, qui d'abord, comme c'est l'habitude, se dirigeaient au nord, marquaient au contraire le sud, en sorte que les pôles avaient été totalement renversés par le tonnerre. Cet état se maintint durant tout le reste du voyage. »

Il est facile de comprendre après cela combien peuvent être dangereuses ces altérations que la foudre peut faire éprouver aux aiguilles aimantées; des marins trompés par les fausses indications de leurs instrumens, se sont jetés sur des écueils dont ils croyaient s'éloigner à toutes voiles.

De plus, l'aimantation instantanée des masses de fer qui existent sur un navire peut créer pour l'aiguille aimantée des centres puissans d'attraction. Il en résulte des déviations de l'aiguille d'autant plus nuisibles, qu'en pleine mer le navigateur a peu de moyens d'en constater l'existence et d'en déterminer la valeur.

On sait combien sont en général terribles les effets du tonnerre; parmi la multitude d'exemples que nous pourrions citer, nous nous bornerons à reproduire la relation d'un des plus grands désastres qui aient accompagné la chute de la foudre, relation adressée à l'Académie des sciences en 1819.

« Le village, appelé Châteauneuf, est dans l'arrondissement de Digne, département des Basses-Alpes, au sud-est de la petite ville de Moustiers située au sommet et à l'extrémité de l'une des premières montagnes des Alpes, qui forment un amphithéâtre sur Moustiers. Il consiste en quatorze maisons réunies au presbytère et à l'église paroissiale, sur une éminence coupée par les angles de deux autres montagnes, l'une au levant et l'autre au couchant. L'intervalle qui sépare le village de la montagne du levant est si étroit et si profond, que l'aspect en est effrayant. Cent cinq habitations sont dispersées en hameaux, presque tous sur le penchant de la montagne du levant, et ont une population de cinq cents âmes.

« Le 11 juillet 1819, jour de dimanche, M. Salomé, curé de Moustiers et commissaire épiscopal, alla à Châteauneuf pour y installer un nouveau recteur. Vers les dix heures et demie, on se rendit en procession de la maison curiale à l'église Le temps était beau, on remarquait seulement quelques gros nuages. La messe fut commencée par le nouveau recteur.

« Un jeune homme de dix-huit ans, qui avait accompagné M. le curé de Moustiers, chantait l'épître lorsqu'on entendit trois détonnations de tonnerre qui se succédèrent avec une extrême rapidité. Le missel lui fut enlevé des mains et mis en pièces ; il se sentit lui-même serré étroitement par la flamme, puis il fut renversé et roulé sur les personnes rassemblées dans l'église, qui toutes avaient été terrassées et jetées loin de leur place. Revenu à lui, sa première idée fut de rentrer dans l'église, pour se rendre auprès de M. le curé de Moustiers, qu'il trouva asphyxié et sans connaissance. Ce respectable pasteur ne fut rappelé à la vie que deux heures environ après son étourdissement. Il assura n'avoir pas entendu le tonnerre, et n'avoir rien su de ce qui se passait. Le fluide électrique avait touché fortement la partie supérieure du galon d'or de son étole, coulé jusqu'au bas, enlevé un de ses souliers qui fut lancé à l'extrémité de l'église, et brisé la boucle de métal. Le siège sur lequel il était assis fut brisé.

« La foudre lui avait fait plusieurs blessures qui ne se cicatrisèrent que deux mois après. Pendant ce temps, il éprouva une insomnie absolue, ses bras furent paralysés, et il souffrit de toutes les variations de l'atmosphère.

« Pendant le même orage, un jeune enfant fut enlevé des bras de sa mère, et porté à six pas plus loin. On ne le rappela à la vie qu'en lui faisant respirer le grand air. Tout le monde avait les jambes paralysées. L'église fut remplie d'une fumée noire et épaisse. On ne pouvait distinguer les objets qu'à la lueur des flammes allumées par la foudre.

« Huit personnes restèrent mortes sur la place; une jeune fille expira le lendemain matin, en proie aux douleurs les plus horribles, quatre-vingt-deux personnes furent plus ou moins grièvement blessées.

« Le prêtre célébrant ne fut point atteint de la foudre, sans doute parce qu'il avait un ornement en soie.

« Une femme, qui était dans une cabane à la montagne de Barbier, au couchant de Châteauneuf, vit tomber successivement trois masses de feu, qui semblaient devoir réduire ce village en cendres.

« Il paraît que la foudre frappa d'abord la croix du clocher, qu'on trouva plantée dans la fente d'un rocher, à une distance de 16 mètres. Le feu électrique pénétra ensuite dans l'église par un brèche qu'il fit à la voûte, à la distance d'un demi-mètre de celle qui donne passage à la corde d'une cloche. La chaire fut écrasée. On trouva dans l'église une excavation d'un demi-mètre de diamètre, prolongée sous les fondemens du mur, jusque sur le pavé de la rue, et une autre qui rentrait sous les fondemens d'une écurie qui est en dessous, et où l'on trouva morts une jument et cinq moutons. »

Nous avons parlé des ravages de la foudre, des accidens affreux qui accompagnent les orages; en conclurons-nous que ces phénomènes ne sont qu'un désordre dans la nature et qu'ils accusent la sagesse de son auteur. Loin de nous une pareille pensée : les orages qui nous nuisent quelquefois, nous sont utiles le plus souvent, et dans l'économie générale de la création, ils ont une œuvre importante à accomplir. On sait que pendant les chaleurs de l'été, il s'exhale de la terre des miasmes putrides; que des ruisseaux taris, des eaux croupissantes, s'élèvent des vapeurs qui infectent l'atmosphère, souvent altérée aussi par les émanations qui se dégagent des substances animales en putréfaction. Sous ces influences funestes, bientôt l'air ne serait plus propre à la respiration, et au lieu de vivifier l'homme et de lui donner la santé et la force, il porterait dans son sein le germe des maladies pestilentielles: la Providence se sert des orages pour le sauver de ce danger. Ils purifient l'atmosphère, dont ils bouleversent les couches, dissipent et consument les exhalaisons nuisibles, rafraîchissent l'air, et lui rendent sa salubrité et sa pureté primitives. Ajoutons que l'électricité de l'atmosphère et celle de la pluie qui tombe agissent d'une manière favorable sur les plantes, raniment la végétation qui languissait, et si dans une forêt elles ont brisé quelques arbres, elles parent tous les autres d'une plus fraîche verdure et leur redonnent une vigueur nouvelle.

CHAPITRE VI

DES MOYENS CONTRE LA FOUDRE.

Les anciens pensaient que la foudre ne pénétrait pas à plus de trois pieds en terre, aussi les cavernes leur semblaient-elles des retraites assurées contre le tonnerre. C'était jadis une croyance générale que les personnes au lit n'avaient rien à redouter du tonnerre.

Les Romains attribuaient aux peaux de veau marin la vertu d'éloigner la foudre ; ils regardaient le feuillage du laurier comme un abri plus sûr encore ; aussi, quand le ciel était orageux, Tibère ne manquait pas de porter une couronne de laurier. Au reste cette opinion, d'après laquelle certains arbres ne seraient jamais frappés de la foudre, a encore aujourd'hui beaucoup de partisans.

Dans des temps plus rapprochés de nous, plusieurs physiciens ont cru que la foudre respectait le verre, mais il n'en est rien, et un grand nombre de faits parfaitement avérés prouvent que la foudre attaque et perce souvent les vitres.

Une remarque plus exacte, c'est que la foudre, en tombant sur les personnes, attaque plus particulièrement les substances métalliques qu'elles portent, d'où l'on peut conclure que ces substances augmentent sensiblement le danger que l'on peut courir d'être foudroyé.

Il est également incontestable que, lorsque la foudre tombe sur des hommes ou des animaux placés les uns à la suite des autres sur une seule et même ligne, c'est aux deux extrémités de la file que ses effets sont les plus violens et les plus terribles. A Rambouillet, la foudre tomba, le 2 août 1785, sur une écurie où se trouvaient trente-deux chevaux ; trente furent seulement renversés du coup ; le cheval qui occupait l'une des extrémités tomba raide mort, celui qui se trouvait à l'autre extrémité fut grièvement blessé.

Quand on habite une maison qui n'est pas munie de paratonnerres, il y a certaines précautions qu'il peut être utile de prendre en temps d'orage. Ainsi, il faut éviter le voisinage des cheminées, car la foudre entre souvent par leur ouverture, en suivant la couche de suie dont elles sont revêtues à l'intérieur. Plus on est éloigné des métaux, des dorures, des glaces, moins on touche le sol et les murs, moins aussi on est exposé. On ne peut pas se dissimuler cependant que tous ces moyens ne suffisent jamais pour nous préserver infailliblement de la foudre ; ils sont bons surtout à rassurer des esprits effrayés.

On craint assez généralement d'attirer sur soi le tonnerre lorsque l'on court dans la campagne pendant un temps d'orage ; on évite d'exciter autour de soi tout mouvement dans l'air. Aucun fait cependant ne prouve que les courans d'air aient la moindre influence sur la direction du fluide électrique ; et sans doute la meilleure raison qui doive nous engager à fermer les portes et les fenêtres en temps d'orage, c'est d'éviter les coups de vent et les torrens de pluie qui se précipiteraient dans une maison, bien plutôt que de fermer le passage au tonnerre, que les portes ni les fenêtres ne sauraient arrêter, mais que jamais la bise la plus violente n'a entraîné avec elle.

Dans les pays de montagne, les habitans ne craignent pas de traverser des nuages orageux d'où commencent à s'échapper des éclairs et qui retentissent du bruit de la foudre ; il ne paraît pas que cette confiance leur soit funeste.

On a cru que les grands feux allumés en plein air avaient une influence marquée sur les orages et qu'ils tendaient à les dissiper. Toutefois, des faits attestent que cette action, si elle existe réellement, est loin d'être constante. C'est ainsi qu'au 1ᵉʳ juillet 1810, l'ambassade d'Autriche donnant une grande fête à Napoléon et à Marie-Louise, le feu prit rue du Mont-Blanc à l'hôtel Montesson ; une salle immense fut incendiée, et malgré les vastes colonnes de flammes qui s'élevaient dans le ciel, un orage éclata, des éclairs brillèrent, le tonnerre se fit en-

tendre et la pluie qui tomba à torrens éteignit l'in-
cendie long-temps avant la fin de l'orage.

On croit depuis long-temps que le bruit du canon
éloigne ou dissipe les orages. On lit en effet dans
les mémoires du comte de Forbin des faits qui tendraient à établir cette croyance.

« Pendant le séjour que nous fîmes sur les côtes
voisines de Cartagène des Indes, il se formait jour-
nellement sur les quatre heures du soir, des orages
mêlés d'éclairs, et qui, suivis de tonnerres épouvantables, faisaient toujours quelques ravages dans
la ville où ils venaient se décharger. Le comte
d'Estrée à qui ces côtes n'étaient pas inconnues,
et qui, dans ses différens voyages d'Amérique,
avait été exposé plus d'une fois à ces sortes d'ouragans, avait trouvé le secret de les dissiper, en tirant des coups de canon. Il se servit de son remède
ordinaire contre ceux-ci; et, dès la seconde ou la
troisième décharge l'orage fut entièrement dissipé.
Cependant des exemples contraires, et surtout ceux
de plusieurs batailles navales, pendant lesquelles il
éclata de violens orages, prouvent qu'on a attaché
à l'explosion des pièces de canon un effet exagéré,
ou du moins qui ne peut se produire que dans certaines circonstances particulières. Ce n'est donc pas
là le meilleur moyen encore pour se préserver de
la foudre; et si on peut l'essayer à défaut des autres, au moins ne faut-il pas s'en autoriser pour
en négliger volontairement de plus éprouvés, de
plus sûrs.

Qu'on se garde pendant les orages de sonner les cloches sous prétexte d'éloigner les nuages par le bruit des carillons. La foudre qui tombe souvent sur les lieux élevés, pourrait atteindre le clocher, et guidée par les cordes qui y sont suspendues, frapper mortellement l'imprudent sonneur.

Nous allons faire connaître un appareil qui suffit en général pour nous protéger contre le feu du ciel. Si les moyens enseignés par l'expérience contre ces terribles phénomènes ne sont pas infaillibles, attendons avec résignation, la volonté de celui qui dirige les nuages, qui fait jaillir les éclairs et tomber la foudre ; la puissance de Dieu est terrible, mais sa bonté n'est-elle pas infinie ?

CHAPITRE VII.

DU PARATONNERRE.

C'est à Franklin que l'on doit la découverte des paratonnerres. Ce célèbre physicien, après avoir observé que la foudre se dirige, en général, sur le sommet des arbres, sur les parties les plus élevées des édifices, qu'elle se porte de préférence sur les métaux, qu'enfin, lorsqu'elle a pénétré dans une masse métallique, elle ne produit de dégâts qu'au moment de sa sortie, et sur les substances dont elle est alors voisine, conçut l'idée de préserver les bâtimens des funestes effets de ce météore, en plaçant sur le toit une longue tige de métal, communiquant avec le sol par une chaîne également métallique. Telles sont les parties qui constituent le paratonnerre. Si la foudre vient à tomber sur un appareil ainsi construit, il n'en peut résulter aucun accident. La foudre suivra la tige, puis la chaîne métallique, et viendra se perdre dans le sol. Les paratonnerres ont encore un autre avantage, c'est de prévenir quelquefois la chute de la foudre et de dépouiller peu-à-peu les nuées orageuses de la matière fulminante dont elles sont chargées, en la faisant écouler sans explosion jusque dans le sol, à l'aide du conducteur; aussi les paratonnerres diminuent-ils l'intensité des orages, le nombre, la force et le danger des coups foudroyans.

FIGURE 30

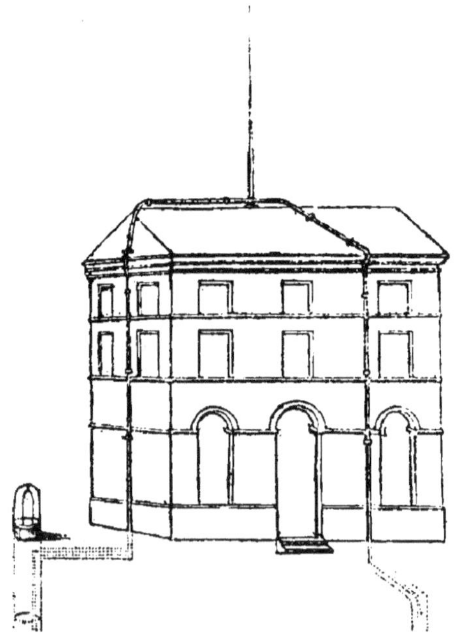

La sphère d'action des paratonnerres s'étend dans un espace circulaire d'un rayon égal au double de leur hauteur. Ainsi, pour garantir un grand édifice, il faudra nécessairement l'armer de plusieurs paratonnerres. Moins les tiges auront de hauteur, et plus elles devront être multipliées.

Les nuages chargés d'électricité sont terminés par des surfaces à-peu près horizontales ; aussi les paratonnerres verticaux ont-ils une grande action sur eux ; mais il y a des lambeaux de nuages qui dans des temps orageux descendent près de la terre, et suivent l'impulsion des vents. Ces nuages ne peuvent être débarrassés de leur matière fulminante par les paratonnerres placés verticalement ; des paratonnerres horizontaux seront donc nécessaires pour empêcher les explosions ou en prévenir les suites funestes. Ces paratonnerres sont souvent même fort utiles pour recevoir les coups de foudre qui peuvent frapper les faces de l'édifice sans rencontrer les tiges métalliques placées sur le faîte. Les deux espèces de paratonnerres doivent donc être également employées quand on veut mettre un bâtiment à l'abri de tout danger.

La position du paratonnerre n'influe pas seule sur son efficacité : la construction et l'entretien de l'extrémité libre demandent des précautions particulières, sans lesquelles l'appareil tout entier pourrait devenir inutile. Les pointes seules ont la propriété de laisser échapper l'électricité, et de soutirer la matière fulminante des nuages. Plus la pointe est aiguë, plus son action est puissante, et cette action n'est certaine et durable qu'autant que l'extrémité métallique n'est point altérée par la rouille. Pour en préserver les paratonnerres, on a d'abord essayé de les dorer ; mais la dorure exposée aux intempéries de l'air disparaissait en peu de temps. Plus tard, on proposa d'adapter aux tiges de fer des pointes en cuivre ; mais la trop grande fusibilité de ce métal obligeait de le renouveler après chaque explosion de tonnerre. De nos jours, on emploie des pointes de métal, doublement précieuses, parce que la rouille ne les attaque pas, et que la foudre ne peut les fondre. Le corps même du paratonnerre ne présente rien de particulier dans sa construction. Nous avons déjà dit que la puissance de son action dépendait de sa hauteur, à laquelle cependant il faut prendre garde de sacrifier la solidité.

La construction du conducteur exige les plus grands soins. De la manière dont il est disposé dépendent tous les effets du paratonnerre ; muni d'un mauvais conducteur, le paratonnerre, au lieu de nous protéger, ne ferait qu'attirer sur nous des dangers plus certains. Supposons la tige métallique interrompue ; la foudre qui peut-être aurait passé inoffensive au-dessus de nos têtes, n'aura été attirée par le paratonnerre que pour s'accumuler au point où le conducteur cesse de lui livrer passage, et pour éclater avec une horrible violence au sein même de l'édifice qu'elle devait épargner.

Le conducteur doit être assez épais pour que la foudre ne puisse le fondre, et il doit communiquer avec toutes les pièces de métal d'un volume considérable qui se trouvent sur le bâtiment. Afin que la rouille n'altère pas ses propriétés, il convient de le revêtir d'une enveloppe de bois et de le couvrir d'une couche de peinture à l'huile.

Un bon conducteur doit transmettre la matière fulminante à mesure qu'il la reçoit, et la faire écouler dans le sol. Ces deux conditions ne pourront être remplies que par le conducteur en état de parfaite conservation, plongé dans un sol très humide. Aussi il est nécessaire d'enfoncer profondément dans la terre la chaîne métallique, à un endroit où la chute des eaux pluviales entretienne l'humidité du terrain. Afin que la rouille ne détruise pas la partie du conducteur enfoncée dans la terre, on l'entoure de charbon de bois, substance éminemment conductrice, qui favorise l'écoulement de l'électricité aussi bien que la terre humide, sans exposer la chaîne de métal aux mêmes altérations.

FIN DE LA PHYSIQUE.

TABLE DES MATIÈRES.

FIN DE LA TABLE.